Robert Steidl / Wolfgang Renner

Gärprobleme

Verlag Eugen Ulmer

Österreichischer Agrarverlag

Abbildungsnachweis

Umschlag: Barriques: Thomas Hartmann, Taunusstein;
Weinberge, Reben: Regina Kuhn, Stuttgart

Inhalt: Abb. 11, 12 Lüthi/Vetsch: Mikroskopische Beurteilung von Weinen
und Fruchtsäften in der Praxis, Heller Chemie 1979
Abb. 14, 28a+b: Dittrich: Mikrobiologie des Weines, Ulmer Verlag 1987

Alle anderen Abbildungen: Autoren

Impressum

© 2001 Österreichischer Agrarverlag, Druck- und Verlagsges.m.b.H. Nfg.KG,
Achauer Straße 49 A, Leopoldsdorf, E-mail: office@agrarverlag.at,
Internet: www.agrarverlag.at
© 2001 Eugen Ulmer GmbH & Co., Wollgrasweg 41, D-70599 Stuttgart (Hohenheim)
E-mail: info@ulmer.de, Internet: www.ulmer.de

Die Deutsche Bibliothek – CIP-Einheitsaufnahme
Ein Titelsatz für diese Publikation ist bei der Deutschen Bibliothek erhält-
lich.

Projektleitung: Irene Biricz, Österreichischer Agrarverlag
Satz: Hantsch & Jesch PrePress Services OEG, Leopoldsdorf
Druck: Landesverlag Druckservice, Linz

Printed in Austria

ISBN (Österreich): 3-7040-1832-5
ISBN (Deutschland): 3-8001-3682-1

Inhalt

Vorwort

Gärprobleme im Keller sind immer eine unerfreuliche Tatsache, bedeuten sie doch meistens zusätzlichen Arbeits- und finanziellen Aufwand. Kann die Störung behoben werden, so ist das Resultat leider meist nur der zweitbeste Wein.

Die Gründe für eine Gärstockung können vielfältig sein, bedeuten aber zumeist, dass die „Hausaufgaben" im Keller oder Weingarten nicht richtig gemacht wurden. Schließlich ist die Behebung einer Gärstörung nur die Behandlung der Symptome, aber nicht die Beseitigung der Ursachen.

Für eine wunschgemäß verlaufende und erfolgreiche Vergärung müssen bereits die Voraussetzungen im Weingarten geschaffen werden, genauso wie auch einige wichtige Faktoren im Keller zu berücksichtigen sind.

Anlass für die Verfassung dieser Broschüre ist das große Interesse, das bei Vortragsveranstaltungen der Autoren festzustellen war und der Eindruck, dass Gärstörungen eine immer häufiger auftretende Erscheinung bei der Weinherstellung sind.

Ziel dieses Bandes ist es, die wichtigen Punkte aufzuzeigen, auf die es ankommt, um primär gar keine Gärprobleme entstehen zu lassen. Der Arbeit im Weingarten ist dabei ausführlich Platz gewidmet, schließlich wird dort der Grundstein für die Weinqualität in vielerlei Beziehung gelegt. Die kellerwirtschaftlichen Maßnahmen müssen konsequent und qualitätsorientiert die Arbeit fortführen. Die Grundlagen für die richtigen Entscheidungen soll dieses Buch vermitteln. Ist eine Gärstockung einmal eingetreten, so gilt es ebenfalls einige grundsätzliche Parameter zu beachten, um die Gärung möglichst erfolgreich zu Ende zu bringen.

In dem Sinne, durch qualitätsorientiertes Arbeiten die Maßnahmen zur Behebung gar nicht zu benötigen, wünschen wir viel Erfolg!

Unserem Kollegen, Dr. Jürg Gafner von der Eidgenössischen Forschungsanstalt Wädenswil, danken wir herzlich für die kritische Durchsicht des Manuskripts.

Robert Steidl

Wolfgang Renner

1. Einflussgrößen im Weingarten

Wenn wir von Gärproblemen, seien es Gärstockungen oder Fehlgärungen sprechen, dann müssen wir uns einmal grundsätzlich bewusst werden, dass dies eine sehr komplexe Thematik beinhaltet. Aller Anfang ist auf jeden Fall die Bewirtschaftung des Weingartens. Es beginnt bereits mit der Errichtung eines neuen Weingartens und endet mit dem Lesezeitpunkt und dem entsprechenden Traubenzustand. Bodenart, Nährstoffverfügbarkeit, Wasserversorgung, Unterlagen-Sorten-Kombination oder die Erziehungsform mit der jeweiligen Pflanzdichte müssen schon vor der Pflanzung unter die Lupe genommen werden. Eine Reihe von klimatischen, physiologischen und arbeitstechnischen Faktoren beeinflussen die Reife und die einhergehende Nährstoffversorgung der Trauben. Die Beachtung beider Parameter, physiologische Reife und optimaler Ernährungszustand der Beeren, sind grundlegende und erfolgssichernde Faktoren.

komplexe Thematik

Während in der Kellerwirtschaft relativ kurzfristig auf mögliche Probleme reagiert werden kann (Symptombekämpfung), sind die weinbaulichen Maßnahmen immer längerfristig und nachhaltig zu betrachten. Wenn ein Weingarten beispielsweise jahrelang nicht

längerfristige Auswirkungen

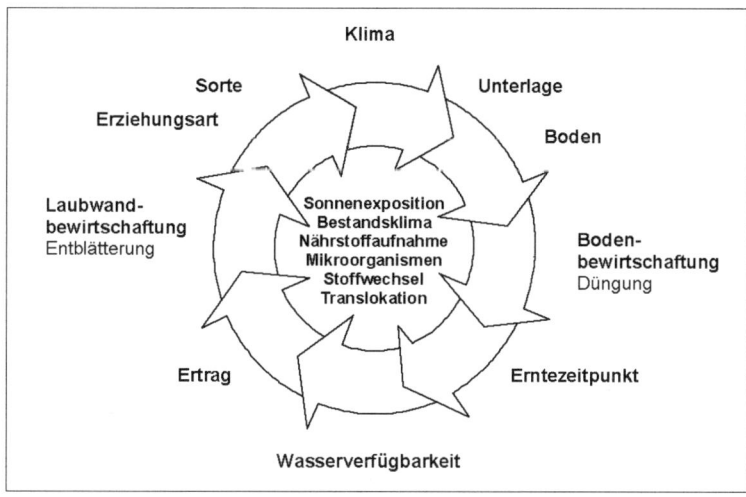

Abb. 1
Das komplexe System weinbaulicher Einflussfaktoren (nach Hühn)

mehr gedüngt wurde, dann wird es auch wieder Jahre dauern, bis der Weingarten „saniert" ist. Weinbauliche Maßnahmen müssen also immer Jahre vorausgeplant werden. Auch eine noch so gute Kellerwirtschaft wird langfristig „weinbauliche Defizite" nicht wettmachen können.

1.1 Die Nährstoffversorgung der Rebe

Wir haben bereits gehört, dass die Versorgung der Reben und ihrer Trauben von einer Vielzahl von Einflussgrößen abhängig ist, z.B.

- Jahreswitterung   - Wasserverfügbarkeit
- Standortwahl   - Laubarbeit
- Unterlagenwahl   - diverse Stockpflegearbeiten
- Erziehungssystem   - Pflanzenschutz
- Bodenpflegesystem   - Traubenertrag
- Düngung   - Beerenreife
- Stickstoff-Management   - Lesetermin

Im folgenden Bericht wird nicht auf alle Faktoren im Detail eingegangen. Vielmehr wird auf Problembereiche in der Nährstoffversorgung der Rebe bzw. deren Trauben in Hinblick auf eine optimale Versorgung der Trauben mit hefeverfügbaren Nährstoffen eingegangen. Einige Punkte werden gesondert hervorgehoben.

klimatischer Einfluss An erster Stelle steht der **klimatische Einfluss.** Makro- und Mesoklima sind selbstverständlich nicht zu beeinflussen. Man kann bestenfalls klimatische Mankos durch eventuelle Bewässerungen, sofern Brauchwasser vorhanden ist, teilweise ausgleichen. Vielmehr beeinflussbar ist das Mikroklima (Kleinklima) durch die richtige Auswahl (und möglicher Korrektur) des Standortes mit Einbeziehung der Faktoren wie Hangrichtung, Hangneigung, Windanfälligkeit und Rebsorte. Viele Klimaforscher prognostizieren für die nächsten Jahre weiterhin eine Temperaturzunahme und einen Rückgang der Niederschläge in den für den Weinbau so wichtigen Sommermonaten. Als Weinbauer sollte man immer vorausdenkend agieren und aus diesen Tatsachen (oder Prognosen) seine Schlüsse ziehen.

Düngung Der Themenbereich der **Düngung** wird in dieser Arbeit nur am Rande behandelt. Es werden keine allgemeinen Düngeempfehlungen oder Düngepraktiken dargestellt. Die Faktoren Klimabereich, Jahreswitterung, Bodentyp und Bodenbearbeitung ergeben eine starke regionale Unterschiedlichkeit. Diesbezüglich sei auf Broschüren wie „Ökologisch orientierte Bodenpflege und Düngung im Qualitätsweinbau" oder „Richtlinien für die sachgerechte Düngung" hinzuweisen. Beide Broschüren wurden vom Fachbeirat für Bodenfruchtbarkeit und Bodenschutz erstellt und (für Österreich) vom Bundesministerium für Land- und Forstwirtschaft, Umwelt und Wasserwirtschaft herausgegeben. Weiters sei auf die betriebsspezifischen Empfehlungen diverser Bodenuntersuchungen hingewiesen. Außerdem müssen am ÖPUL teilnehmende (österreichische) Betriebe bzw. Betriebe in anderen Ländern, die an ähnlichen geförderten Umweltprogrammen (z. B. KUW in Baden-Württemberg) teilnehmen, unbedingt die vorgegebenen Richtlinien einhalten.

Phosphat

Die Aufnahme von *Phosphat* erfolgt von der Rebe während der Vegetationszeit relativ gleichmäßig. Es ist im Boden auch schwer beweglich, sodass bei sachgerechter Düngung ein ausreichendes Nährstoffangebot vorliegt. Die Hefe findet im Traubenmost immer viel mehr Phosphat vor als sie benötigt. Obwohl es für die Phosphorylierungen während der Gärung und für die Energiespeicherung in Form von Adenosintriphosphat (ATP) unentbehrlich ist, kann es nicht als limitierender Faktor der Hefeversorgung angesehen werden. In vergorenen Weinen können die Phosphatgehalte je nach Qualität und Jahrgang zwischen 30 und 900 mg/l schwanken. Im Traubenmost ist der Phosphatgehalt höher.

Kalium

Kalium wird von der Rebe in relativ großen Mengen benötigt. Den höchsten Bedarf hat die Rebe in der Phase der Beeren- und Holzreife. Die Kaliumwerte im Most liegen ungefähr zwischen 1200 und 2200 mg/l. Je reifer die Trauben, desto höher ist auch der Kaliumgehalt. In „reifen" Jahrgängen enthalten die Beeren mehr Kalium als in „unreifen" Jahrgängen. Die in letzter Zeit häufig aufgetretenen Probleme mit der Beerenwelke (Zweigeltkrankheit) dürften u.a. auf ein Versorgungsdefizit mit Kalium zurückzuführen sein. In vergleichbaren Anlagen zeigten Zweigelt-Weingärten auf Böden, die seinerzeit üppig mit Patentkali als Vorratsdünger versorgt wurden, wesentlich weniger Zweigeltkrankheit als Weingärten, die etwas später ohne Vorratsdüngung errichtet wurden. Derzeit laufende Forschungsprojekte zu dieser Thematik werden die genauen Ursachen klären.

Magnesium

Magnesium ist im Traubenmost für eine optimale alkoholische Gärung in der Regel immer genügend vorhanden. Mangelsymptome in den Weingärten treten häufig in Junganlagen auf, an speziellen Sorten wie Welschriesling oder auf schweren und verdichteten Böden. In untersuchten Weinen wurden immer mindestens 50 mg/l gefunden. Weißweine enthalten im Schnitt zwischen 70 und 90 mg/l Magnesium. Bezüglich des Nährstoffangebotes im Boden ist auf jeden Fall das Verhältnis zu Kalium, das etwa 2:1 (K_2O:Mg) sein sollte, zu beachten.

Unterlagenwahl

In diesem Zusammenhang können wir die Thematik der **Unterlagenwahl** betrachten, die auf keinen Fall zu unterschätzen ist. Grundsätzlich kennen wir stärker wachsende und schwächerwachsende Unterlagen oder kalkverträglichere und weniger kalkverträgliche Unterlagsreben. Auf diese Fakten wird nicht näher eingegangen, es wird auf dementsprechende Spezialliteratur hingewiesen. Wichtiger erscheint die Tatsache, dass Unterlagsreben Bodennährstoffe unterschiedlich effizient aufnehmen können. Mangelsymptome von Magnesium treten oft in Junganlagen auf, einige Rebsorten sind generell empfindlicher. So zeigt beispielsweise auch die Rebsorte Welschriesling häufig Symptome eines Mg-Mangels. Vergleichende Versuche an der HBLA und BA Klosterneuburg zeigten, dass die Rebsorte Welschriesling auf der Rebunterlage 1103 P wesentlich weniger bis keine Mangelsymptome aufwies, weil diese Unterlagssorte Magnesiumionen wesentlich effizienter aus dem Boden aufnehmen kann.

1.2 Die Stickstoff-Versorgung der Rebe

Stickstoff

Dem Stickstoff kommt unter den für die Rebe erforderlichen Nährstoffen eine herausragende Bedeutung zu. Der Stickstoff ist der „Motor" der Pflanze. Eine optimale Stickstoffversorgung gewährleistet auch eine gute Versorgung mit anderen Hauptnährstoffen und Spurenelementen.

Bedarfsspitzen

Ende April bis Anfang Mai setzt noch keine nennenswerte Nährstoffaufnahme aus dem Boden ein. In der ersten Vegetationsphase vom Austrieb bis zur Blüte benötigt die Rebe relativ wenig Stickstoff, den sie zum Großteil aus den pflanzeneigenen Reserven zehrt, die in den verholzten Teilen der Rebe gelagert sind. Die Rebe speichert Stickstoff in Form verschiedener Aminosäuren,

Arginin kann als Leit-Aminosäure betrachtet werden. Nach der Blüte steigt der Bedarf sprunghaft an. Ebenso gibt es eine Bedarfsspitze während der Reifephase, denn da werden wiederum Reservestoffe ins Holz eingelagert. Österreichische am ÖPUL teilnehmende Betriebe dürfen mineralischen Stickstoffdünger in der Zeit von August bis Mitte April nicht ausbringen (Herbststickstoffdüngung). Außerdem ist die Ausbringung von Einzelgaben über 50 kg/ha verboten.

Abb. 2
Nährstoffaufnahme von Reben im Verlauf einer Vegetationszeit, berechnet als tägliche Stickstoffaufnahme in kg/ha (nach Löhnertz)

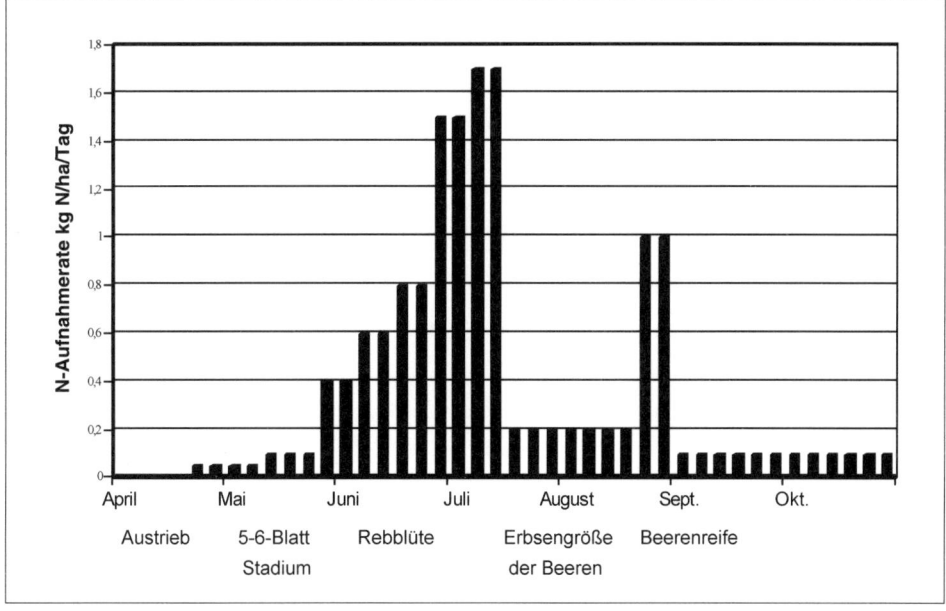

Das **Versorgungsdefizit** um die Blütezeit dauert etwa 6 bis 8 Wochen. Dieses Manko sollte durch eine Mobilisierung von Reserven oder eine Düngung ausgeglichen werden. Eine Stickstoff-Düngergabe hat ungefähr eine Wirkungsdauer von 1 bis 2 Monaten, wobei vom Ausbringungs- bzw. Mobilisierungszeitpunkt bis zum Wirkungsbeginn, in Abhängigkeit von Bodenpflege, Niederschlägen und Temperatur, etwa mit einer Woche zu rechnen ist.
Eine ausreichende Photosyntheseleistung kann nur mit einer optimalen Nährstoffversorgung parallel gehen. Ein Mangel an Stickstoff reduziert die Photosyntheseleistung. Die Versorgung der Weingärten mit Stickstoff muss allerdings in Abhängigkeit des

Versorgungsdefizit ausgleichen

Klimaraumes, der Wasserversorgung und der Bodenbearbeitung etwas differenziert betrachtet werden.

Sorten-abhängigkeit

Der Stickstoffentzug aus dem Boden unterliegt in gewissem Umfang auch einer Sortenabhängigkeit. So haben einen
- **Hohen Stickstoffentzug:** Müller-Thurgau, Neuburger, Traminer, Grüner Veltliner
- **Mittleren Stickstoffentzug:** Welschriesling, Blaufränkisch und einen
- **Niederen Stickstoffentzug:** Weißburgunder, Rheinriesling, Zweigelt

1.3 Bodenbearbeitung – Stickstoff-Management

Stickstoff-Management

Die Stickstoff-Düngung wurde in den 90er Jahren etwas vernachlässigt, gleichzeitig wurde die Dauer (Teilzeit-) Begrünung in weiten Teilen „salonfähig". Das Stickstoff-Management ist ein Thema, das mit viel Gefühl und Beobachtungsgabe angegangen werden muss. Gerade in trockeneren Weinbaugebieten wurde die Wichtigkeit des Stickstoff-Management bzw. der Stickstoff-Düngung etwas unterbewertet.

Dauer-, Teilzeit-begrünung

Besonders in Weingärten mit **Dauer- oder Teilzeitbegrünungen** kommt dem Stickstoff-Managment ein große Bedeutung zu, denn vor allem in trockeneren Anbaugebieten steht die Rebe immer in

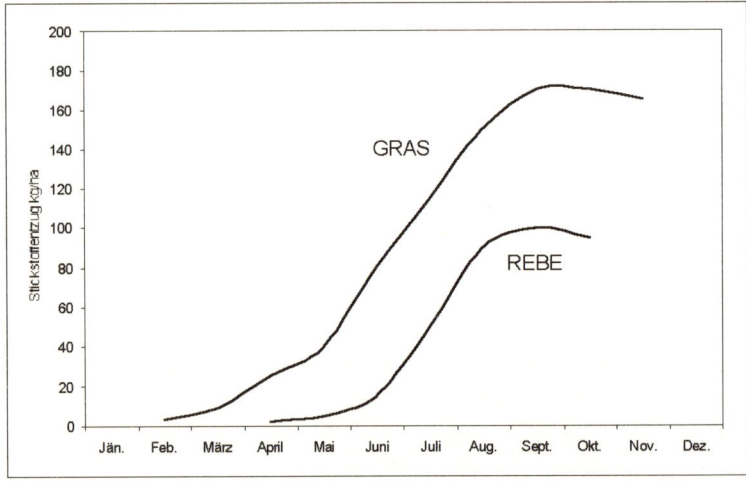

Abb. 3
Stickstoffeinlagerung des Grases (kg/ha) für das Jahr 1989 (n. Berthold) und der Rebe (Riesling) für das Jahr 1993 (n. Löhnertz)

Abb. 4
Dauerbegrünung in
niederschlagsreichen
Anbaugebieten

Abb. 5
Teilzeitbegrünung
bzw. Begrünung jeder
zweiten Fahrgasse im
trockenen Anbauge-
biet

Konkurrenz mit der Begrünung. Begrünungen sind Wasser- und Nährstoffzehrer. Grasmulch benötigt relativ viel Stickstoff, besonders beim Aufbau der Grasnarbe in den ersten Jahren. Die Stickstoffaufnahme vom Gras beginnt aber deutlich früher als die der Rebe. Daher kann die Rebe in Anlagen mit Grasmulch rasch in eine Stickstoff-Unterversorgung geraten, weil ihre Stickstoffaufnahme einerseits später beginnt und andererseits ein höherer Bedarf während der Hauptwachstumszeit auch von der natürlichen N-Mineralisation nicht bereitgestellt werden kann.

Pflegemaßnahmen In niederschlagsarmen Gebieten wird die Stickstoff-Mineralisation besonders reduziert, da sie sehr vom Bodenwassergehalt abhängig ist. Vor der Phase des großen Stickstoff-Bedarfs der Rebe im Frühsommer muss die Konkurrenz der Begrünung durch verschiedene Pflegemaßnahmen reduziert werden (mähen, mulchen walzen, aufhacken, etc.). Durch eine oberflächliche, mechanische Bodenbearbeitung wird die Mineralisierung der organischen Substanz angeregt. An dieser Stelle sei nochmals auf die Einhaltung der ÖPUL-Richtlinien hingewiesen, die beispielsweise das Offenhalten in jeder Fahrgasse in der Zeit vom 1. November bis 30. April verbieten. In dieser Zeit muss der Boden begrünt oder bedeckt sein.

Bindung in organischer Masse Der überwiegende Teil des Stickstoffes ist in der organischen Masse des Bodens in fest gebundener Form enthalten. Davon wird jährlich immer nur verhältnismäßig wenig Stickstoff freigesetzt (mineralisiert). Rein rechnerisch liegt die Menge des mineralisierten Stickstoffs pro Hektar und Jahr zwischen 30 und 270 kg.

Mineralisierung Die Mineralisierung hängt ab von
– Humusgehalt im Boden
– Bodenleben (Mikroorganismen)
– Bodenfeuchtigkeit
– Bodentemperatur
– Lufthaushalt im Boden

Die Stickstofffreisetzung ist also auch witterungsabhängig. In einem warmen und feuchten Jahr wird während der Hauptvegetationszeit mehr Stickstoff mineralisiert und freigesetzt als in einem kühlen und/oder trockenem Jahr. Eine optimale Versorgung des Bodens mit organischer Substanz (Humus) liegt ab etwa 2% Humusanteil vor. Humusreiche Böden können relativ viel Stickstoff aus bodeneigenen Reserven nachliefern. Diese Reserven können durch eine **Mobilisierung** genutzt werden. Eine Mobilisierung findet bei jeder Bearbeitung des Bodens statt und kann unterschiedlich hoch ausfallen. Durch eine intensive Bodenbearbeitung fördert man die Aktivität der Bodenmikroorganismen und somit die Mineralisierung.

Mobilisierungseffekte durch:
– Fräsen (nicht zu fein und nicht zu tief)
– Schlegelmulcher
– Sichelmulcher
– Balkenmäher
– Mulchbodenlockerer

Mobilisierungseffekte

Mulchbodenlockerer müssen früh eingesetzt werden, solange der Boden noch nicht zu trocken ist. Der Boden kann ca. 20–25 cm tief grobschollig gelockert werden, ohne dass die Grasnarbe zerstört wird. Ergänzend gibt es auch die Möglichkeit, Dünger unter die Grasnarbe in die Nähe der Rebwurzeln zu bringen. Diese Art der N-Düngung ist zwar relativ aufwändig, aber ziemlich effizient, denn Düngerverluste werden dadurch verringert.

Mulchbodenlockerer zeitgerecht einsetzen

Natürlich besteht auch die Möglichkeit der **Humusausbringung** in den Weingarten. Günstige Zeiträume zur Ausbringung sind Spätwinter und zeitiges Frühjahr. Zum Ausbringen bieten sich z.B. Mist, Stroh, Trester oder Komposte an. Für ÖPUL-Betriebe gilt wiederum ein Ausbringungsverbot von Klärschlamm-Komposten sowie betriebsfremden Komposten, wenn keine Analyse die Unbedenklichkeit bestätigt.

Humusausbringung

Die Verfügbarkeit des Stickstoffes hängt sehr stark von der Witterung ab. Eine **Stickstoffdüngung** in Ertragsanlagen muss immer unter Berücksichtigung des Standortes und der Witterung erfolgen. Im Allgemeinen liegt die Menge der jährlichen Stickstoffgabe zwischen 0 und 70 kg/ha. Im Speziellen richtet sich die Höhe der jährlichen Stickstoffgabe nach
– den Wuchsverhältnissen des Weingartens
– dem Gehalt an organischer Substanz (Humus)
– der Bodenart
– der Bodenbearbeitungsweise
– und der Jahreswitterung.

Stickstoffdüngung

Beobachtung, Erfahrung	In feuchteren Anbaugebieten mit begrünten Rebgassen und Mulchsystemen wie in der Steiermark kann sich unter Umständen eine Stickstoffdüngung erübrigen, allerdings ist eine langjährige **Beobachtung** des Verhaltens der Rebanlage genau durchzuführen. Generell gesehen brauchen ältere Anlagen weniger Stickstoff, bei einer Dauerbegrünung sollte die Stickstoffdüngung um etwa 20 kg/ha erhöht werden.

Rebanlagen, die jahrelang unterversorgt wurden, können nicht vom einen auf das andere Jahr wieder optimiert werden. In mehreren Jahren führt man solche Anlagen Schritt für Schritt wieder zum optimalen Versorgungszustand hin.

Für die Ernährung der Rebe und der Trauben mit Stickstoff ist die Nitrat- und **Wasserverfügbarkeit** im Boden entscheidend. Durch eine Begrünung oder eine extensive mechanische Bearbeitung des Bodens werden beide Faktoren negativ beeinflusst. Durch eine Begrünung nimmt die Menge an pflanzenverfügbarem Wasser ab. Wasser fungiert als Transportmittel von Mineralstoffen. Die Verfügbarkeit von Wasser ist der limitierende Faktor mit begrenzender Wirkung.

In Trockenjahren ist eine Nährstoff- und Wasserkonkurrenz zu erwarten. Im Hinblick auf eine ausreichende Wasser- und Nährstoffversorgung ist eine **den Standortgegebenheiten, den Witterungsbedingungen und der Rebenphänologie angepasste Bodenpflege** nötig. Speziell im Fall einer Begrünung ist der Wasserhaushalt des Bodens zu beachten. Durch eine termingerechte „Störung" der Begrünung bzw. des Bodens kann bedeutend zu einer zeitgerechten und ausreichenden Wasser- und Nährstoffversorgung der Rebe beigetragen werden. Wichtig erscheint, dass die Rebe vor allem während der Blüte, wo sie den höchsten Stickstoffbedarf hat, keine zu starke Konkurrenzierung erfährt. Für das Trockengebiet bietet sich mit Vorteil ein flexibles Bodenpflegesystem an, wo (Teilzeit-)Begrünung (eventuell auch Bodenbedeckung mit Stroh) und mechanische Bodenbearbeitung alternierend praktiziert werden.

In **feuchten Anbaugebieten** wie Steiermark, Südtirol oder Ostschweiz ist in Normaljahren die Wasserverfügbarkeit in den entscheidenden Vegetationsphasen gesichert, wobei es aber auf Extremstandorten auch zu Symptomen der Unterversorgung kommen kann und auf eine dementsprechende Bodenpflege zu achten ist. Dies trifft besonders auf Junganlagen zu.

Vermehrte (Dauer-)Begrünung, extensive Bodenpflege (seltenes Mulchen), keine oder geringe Bodenbearbeitung insbesondere bei geringen Niederschlägen kann zu einem verminderten Wasserangebot führen. Die trockengestressten Reben reagieren mit vermindertem vegetativem Wachstum, früh alternden Laubwänden, einem schlechten Blatt-Frucht-Verhältnis, geringeren Traubenerträgen und zum Teil schlechteren Mostgewichten. Eine geringere Nährstoffversorgung von Trauben und Most der begrünten Weingärten, insbesondere an sogenanntem FAN (frei assimilierbarer Stickstoff), kann mit einem **ungünstigeren Gärverlauf** der Moste in Verbindung gebracht werden.

Trockenstress

FAN

Die Forschungsanstalt Geisenheim verfolgte Versuchsanstellungen bezüglich der **Aminosäureneinlagerung in Abhängigkeit vom Bodenpflegesystem** unter Rheingauer Bedingungen bei der Rebsorte Riesling. In zwei untersuchten Jahren war der Aminosäurengehalt im Most bei der Variante mit offener Bodenbearbeitung signifikant höher gegenüber den Varianten extensives Mulchen und intensives Mulchen der begrünten Anlagen.

Aminosäureneinlagerung

1.4 Stress-Situationen

Die natürlichen Umweltbedingungen für das Wachstum der Reben sind im Weinbau selten optimal. Die Lichtverhältnisse, die Temperatur, die Wasserversorgung und die Verfügbarkeit von Nährstoffen können in einem weiten Bereich schwanken. Als Stress kann man kurzzeitige Belastungszustände der Reben bezeichnen. Eine lange andauernde Einwirkung eines Stressors und ein allfälliger zusätzlicher Stressfaktor können zu einer Erschöpfung der Pflanzen führen, und es kommt zu chronischen Schädigungen, im Extremfall zum Tod der Pflanze.

Es ist natürlich klar, dass Rebstöcke, die keine optimalen Wachstumsbedingungen vorfinden, auch keine optimale Versorgung der Trauben mit Wasser und Nährstoffen bewerkstelligen können. Der wichtigste Faktor in dieser Hinsicht ist wohl die **Wasserversorgung,** denn sowohl ein Zuwenig als auch ein Zuviel kann für die Auslösung von Stress-Symptomen verantwortlich sein. Wasser ist die Grundlage allen Lebens, Wasser dient auch vor allem dem Transport der Haupt- und Nebennährstoffe sowie der Spurenelemente.

Wasserversorgung

Für die Errichtung einer Weingartenanlage sind selbstverständlich die Bodenverhältnisse wesentlich. In diesem Zusammenhang steht die **pflanzenverfügbare Wasserkapazität.** Je besser die **Speicherkapazität eines Bodens** ist, desto besser kann die Pflanze Trockenperioden überbrücken. Sandböden haben logischerweise keine besonders hohe Wasserhaltefähigkeit, während in zunehmend lehmigen Böden die Feuchtigkeitsspeicherkapazität zunimmt. Löß hat eine verhältnismäßig hohe pflanzennutzbare Kapazität. Im Durchschnitt kann 1m² Blattfläche in den Sommermonaten 1 Liter/Tag transpirieren. In südlichen Weinbauländern werden deshalb oft weniger Triebe gezogen oder die Triebe gekürzt, um die wasserverdunstende Blattfläche zu reduzieren.

Laubwand

An diesem Punkt sollte man auch kurz laubintensive Erziehungsarten wie die **Lyra-Erziehung** besprechen. Mit ihrer „doppelten" Laubwand bringt sie zwar eine große Blattfläche zur Assimilation, aber in ausgesprochenen Trockengebieten oder in Trockenphasen unterliegt sie auch einer großen Wasserverdunstung. Ein bisschen sollte man den Rebstock ja „leiden" lassen um ihn mehr zu „fordern", aber gerade in diesen Grenzsituationen kann es leicht zu wirklichen Stress-Situationen kommen mit weitreichenden Folgen für die Traubenqualität. An diesem Beispiel kommt auch die große Bedeutung einer **richtigen Bodenbearbeitung zum richtigen Zeitpunkt** zum Ausdruck, um wirklich alle Wasserreserven nur für die Rebe nutzen zu können.

Die positive Wirkung eines leichten **Wasser- und Nährstoffstresses** auf die Weinqualität mag kein Geheimnis sein. Wird aber aus diesem leichten Stress eine Mangelsituation, dann wird die innere Qualität der Beeren durch eine gestörte Synthese der Beereninhalts- und Aromastoffe nachhaltig negativ beeinflusst. Stress kann durch ein Zuviel oder ein Zuwenig von vielen Faktoren ausgelöst werden. Der Übergang vom Aktivator zum Stressor ist fließend. Die Temperatur ist in einem Bereich zwischen 15 und 25°C beispielsweise ein Aktivator für die Photosynthese, während sie in höheren Bereichen um 30°C in Verbindung mit geringer Luftfeuchtigkeit zum Schließen der Spaltöffnungen und zur Reduzierung der Photosynthese führen kann, also zum Stressor wird. Ebenso verhält es sich bei Wasser, Licht, Nährstoffe etc.

**Stress oder
Mangel?**

Die Schwierigkeit liegt darin, das richtige Maß zwischen einem „Hungernlassen" des Stockes im positiven Sinn und der Gefahr einer „wirklichen Stress- oder Mangelsituation" zu finden. Die in den letzten Jahren beschriebenen Fehlaromen bei Weißweinen (**UTA** = untypische Alterungsnote) werden mit dem gehäuften Auftreten von Stress-Situationen im Anbau in Verbindung gebracht. Die Leitsubstanz für dieses Fehlaroma ist 2-Aminoacetophenon. Unter anderem ist die mangelhafte Einlagerung von Stickstoffverbindungen in die Beeren mit einer folgenden negativen Beeinflussung der alkoholischen Gärung eine Ursache für UTA. Der Einfluss kurzwelliger, energieintensiver Strahlung (UV) auf die Rebe hinsichtlich der Bildung von 2-Aminoacetophenon während und nach der alkoholischen Gärung wird derzeit untersucht.

UTA

Bewässerung

Die Erstellung von Bewässerungen wird im Hinblick auf die Qualitätssicherung für einige Gebiete nicht aufzuhalten sein, sofern Wasser zur Verfügung steht und wasserrechtliche Genehmigungen möglich sind. Am effizientesten sind Tröpfchenbewässerungen, die wassersparend und gezielt eingesetzt werden können. Für Weingärten in Hanglagen stehen außerdem auch Tropfsysteme zur Verfügung, die sehr gut druckkompensierend arbeiten. Es gibt bereits einige gut ausgeführte Projekte für Gemeinschaftsbewässerungsanlagen im österreichischen Weinbau. Schenkt man den Prognosen der Klimaforscher Glauben, dann sollte in Gebieten mit hohem Trockenheitsrisiko mit der Umsetzung weiterer Projekte besser heute als morgen begonnen werden.

Bewässerung

1.5 Einfluss verschiedener Stockpflegearbeiten

Verschiedenen Stockpflegearbeiten können das Stress-Risiko der Weinrebe ebenfalls reduzieren oder gar verstärken. Weingärten, die in unserer Zeit der Qualitätsmaximierung noch immer mit 10–12 Augen pro m² angeschnitten werden und Erträge jenseits der für Qualitäts- und Landwein geltenden Hektarhöchstwerte bringen „müssen", werden Wohl oder Übel anfälliger sein für Stress-Situationen. Die einzelnen Trauben werden als Konsequenz weniger gut mit Zucker und Hefe-essentiellen Nährstoffen versorgt werden können. Stockerträge von über 3 kg/Rebstock sind für die Qualitätsweinerzeugung auf jeden Fall zu viel. Ein sinnvol-

Stockertrag

ler Bereich liegt zwischen 1,5 bis 2,5 kg/Rebstock, um unter normalen Verhältnissen eine optimale Versorgung der Trauben gewährleisten zu können.

Ausdünnen

Die Traubenreduzierung **(Ausdünnen)** ist also ein Arbeitsschritt, den der zeitgemäße Qualitätsweinbauer in seinem Arbeitsjahr automatisch einplant.

Auch wenn die Jahreswitterung sehr gute Reifegrade erhoffen lässt, muss auf eine entsprechende Ertragsgestaltung geachtet werden. Ein hoher Zuckergehalt in den Trauben ist noch lange kein Maß für eine optimale Nährstoffversorgung!

Entblätterung

Die Mechanisierungswelle hat mittlerweile auch schon Stockpflegearbeiten erfasst, die nun intensiver durchgeführt werden als sie notwendig sind. Rebblätter sind die „Lunge" des Rebstockes. Je besser eine Pflanze belichtet ist, desto besser ist die Assimilation. Blätter können wesentlich zur Traubenversorgung beitragen, sie können aber auch Schatten bilden. Bei Rotweintrauben wird eine bessere Besonnung auf jeden Fall positiv für die Farbstoffbildung sein. Bei weißen Sorten wird die Primär-Aromatik weniger wer-

Abb. 6
Ausdünnen –
qualitätsbewusste
Ertragsreduktion

den, vielleicht zu Gunsten der Komplexität. Hinsichtlich der Entblätterung der Traubenzone muss man daher oft Kompromisse eingehen und immer nach der Zielvorgabe streben – welchen Weintyp möchte ich erzeugen? Eine **zu radikale Teilentblätterung** bringt jedenfalls ein Risiko für den Stoffhaushalt mit sich, denn ältere basale Blätter können, sofern sie nicht schon zu vergilben beginnen, wesentlich für die Ernährung der Trauben sorgen.

Abb. 7
Zu intensive
Entblätterung

Unter Südtiroler Anbaubedingungen wurden Versuche zur **Erhöhung des HVS-Gehaltes** (hefeverfügbarer Stickstoff) im Most **durch Harnstoffspritzungen** im Vergleich zu moderaten Bodendüngungsvarianten (30 kg N/ha) angestellt. Drei Mal durchgeführte Harnstoffspritzungen von Ende Juli bis Anfang August (0,5 % und 1000 l Wasser pro ha) sollten nicht das vegetative Wachstum ankurbeln, sondern eine bessere Stickstoffversorgung im Most gewährleisten. Auf den HVS-Gehalt im Most zur Ernte haben sich die Blattspritzungen mit Harnstoff am deutlichsten ausgewirkt. Harnstoffblattspritzungen sind aber auf jeden Fall keine Methode, um langfristig angewachsene, stärkere Versorgungsdefizite aus-

Harnstoffspritzungen

zugleichen. Harnstoffblattspritzungen sind also eine Möglichkeit, um akuten Stickstoffmangel auszugleichen.

1.6 Einfluss des Standraumes

Standraum

Unter den Bedingungen des Rheingaus (Geisenheimer Fuchsberg) wurde an der Sorte Rheinriesling der Einfluss des Standraumes auf die Aminosäuregehalte im Most untersucht. Mit zunehmendem Standraum nahm die Aminosäurenkonzentration im Most ab. Als möglicher Grund für die höhere Konzentration bei engem Standraum wurde ein verändertes Wurzelsystem angenommen. In weiterer Folge konnte in der Versuchsanlage eine tiefere Durchwurzelung bei engem Standraum ermittelt werden. Demnach sind die Wurzeln längere Zeit in einem Bereich mit pflanzenverfügbarem Wasser.

Abb. 8
Einfluss des Standraumes und einer Entblätterung auf die Aminosäuregehalte im Most (mg Aminosäuren /l Most), Riesling, 1997, Lage Geisenheimer Fuchsberg, (Jähnisch 1998)

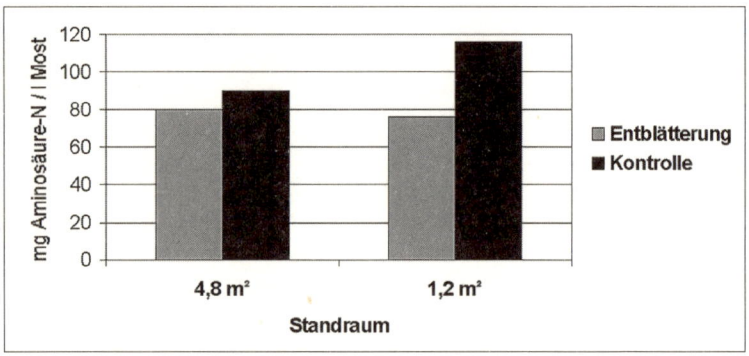

1.7 Traubenreife und Lese

Die Traubenreife bzw. der richtige Reifezeitpunkt der Beeren ist für die Lese wesentlich. Die Beerenreife(-entwicklung) umfasst grundsätzlich vier Phasen und ist sorten- und witterungsabhängig.

Phase 1: Beginnt nach der Blüte und ist nach etwa einer Woche abgeschlossen. Die Kerne werden entwickelt. Das Beerengewicht ist noch gering.

Phase 2: Hier erfolgt ein rasches Wachstum durch Zellteilung. Die Kerne erreichen ihre volle Größe. Säuren bauen sich auf. Größtes Wachstum.

Das Säuremaximum wird je nach Sorte am Ende der Phase 2 bzw. am Anfang der Phase 3 erreicht.

Phase 3: Hier findet fast keine Volumen- und Gewichtszunahme statt (Übergangs- oder Umstellungsperiode)

Phase 4:

Ist die entscheidende Phase. Die Zellteilung ist abgeschlossen. Die Beeren werden weich und beginnen sich zu färben. Die **Säure** nimmt wieder ab und die Zuckereinlagerung nimmt stark zu. Ein Teil der Äpfelsäure wird veratmet oder temperaturabhängig mehr oder weniger zu Zucker umgewandelt. Die merkbare Weinsäurereabnahme ist auf den Verdünnungseffekt zurückzuführen, der durch die Wasser- und Zuckerzunahme passiert. Die Äpfelsäure wird bereits bei 20–30°C veratmet, die Weinsäure erst bei höheren Temperaturen.

Säure

Gleichzeitig erfolgt die Bildung von **Aromastoffen** in den Beeren. Warme sonnige Tage gefolgt von kühlen Nächten fördern die Aroma- und Farbstoffbildung. Ungefähr 300 bis 400 Stoffe prägen das Traubenaroma. (Zusätzliche Aromen entstehen in weiterer Folge noch bei der alkoholischen Gärung und dem biologischen Säureabbau). Die Verbindungen des Traubenaromas sind Alkohole, Ester, Aldehyde, Terpene und Amine. Bei den Terpenen muss zwischen freien und gebunden unterschieden werden. Eine Belichtung der Trauben ändert die Gehalte: freie werden weniger und die Menge an gebundenen Terpenen nimmt zu.

Aromastoffe

Ab dem Zeitpunkt des Weichwerdens erfolgt ein rascher Anstieg des **Zuckers** in den Trauben. Der rasche Anstieg des Zuckers kann nicht allein durch die Blätter bewerkstelligt werden. Man schätzt, dass ca. 40% des Zuckers aus „Lagerräumen" stammen (Wurzeln, Stamm, Altholz). Am Anfang der Zuckeranreicherung ist hauptsächlich Glucose zu finden. Glucose ist u. a. ein Spaltungsprodukt von Stärke (Reservestoff). Später kommt dann Fructose von den Blättern. Bei guten Witterungsbedingungen kann das Mostgewicht pro Woche um 1 bis 3° KMW zunehmen.

Zuckeranstieg

Bei weißen Rebsorten verschwindet in der Reifephase nach und nach das Blattgrün aus der **Beerenhaut** und die gelben Pigmente werden sichtbar. Im Saftgewebe wird Pektin abgebaut und die Zellverbände im Inneren der Beere lösen sich auf. Die Beere wird langsam durchscheinend und später strohgelb. Bei Überreife kön-

Umfärbung

nen die Pigmente oxidieren, dabei wird die Haut goldig braun. Trauben, die hinter Blättern versteckt bleiben und weniger direkte Sonnenbestrahlung erfahren, bleiben länger grün. Bei den blauen Sorten verhält es sich ähnlich. Beim Verschwinden des Chlorophylls werden die blauen Anthocyane sichtbar.

Aminosäuren Ungefähr zu Beginn der Zuckereinlagerung intensiviert sich die Einlagerung von stickstoffhaltigen Verbindungen, speziell den **Aminosäuren,** in die Beeren. Die Stickstoff-Verbindungen können direkt aus dem Boden oder durch Mobilisierung von Reservestoffen in die Beeren gelangen. Die Einlagerung ist abhängig vom Witterungsablauf, Wasserangebot, Bodenpflege, Düngung und Lesezeitpunkt. In kühlen Jahren ist der Anteil freier Aminosäuren größer als in warmen.

Es besteht ein Zusammenhang zwischen der Ausprägung von Gärungsaromen und der Stickstoff-Versorgung in der Rebanlage. Auch die sensorische Bewertung wird mit dem Gehalt an assimilierbarem Stickstoff im Most in Beziehung gebracht.

Die Einlagerung von Aminosäuren in die Trauben hängt ab von:

– Lesetermin   – Ertrag
– aktueller N-Düngung   – Standweite
– langfristiger N-Versorgung   – Entblätterung
– Jahrgang   – Botrytisbefall
– Wasserhaushalt / Bodenpflege

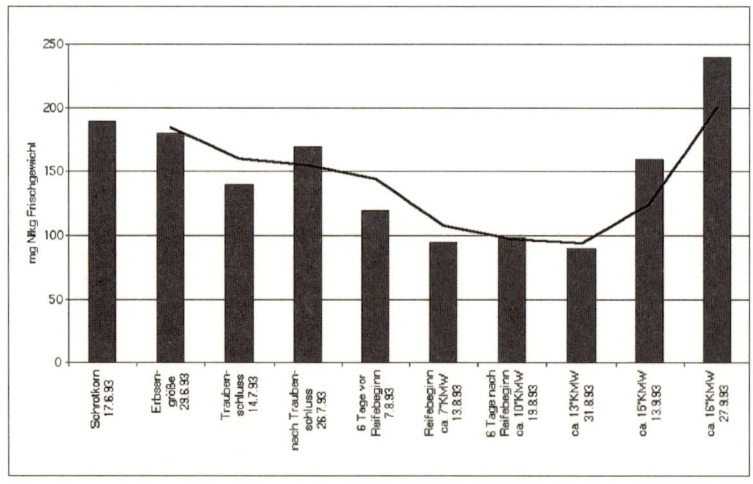

Abb. 9
Verlauf der Aminosäuren-Einlagerung in die Trauben / Lesetermin (nach Prior 1997)

Ein früher **Lesetermin** bedingt niedrigere Aminosäuregehalte. In der letzten Reifeperiode werden in die Beeren noch sehr viele Aminosäuren eingelagert. Außerdem „entleeren" sich die Blätter vor dem Blattfall zugunsten der Beeren.

Lesetermin

Radikale Entblätterungen in der Traubenzone reduzieren demnach ebenso den Nährstoffgehalt in den Trauben.

Radikale Entblätterung

In *Trockenjahren* sind die Aminosäure-Konzentrationen in den Beeren auffallend geringer als in Jahren mit genügendem und gut verteiltem Regen. Der **Witterungsverlauf** einer Vegetationsperiode hat einen großen Einfluss auf die Versorgung der Rebe mit essentiellen Nährstoffen. Denken wir an die trockenen Jahrgänge 1992 und 1993 in den österreichischen Anbaugebieten. Sehr reife Trauben mit hohen Zuckergradationen wurden voller Freude geerntet, aber in weiterer Folge traten sehr häufig Gärprobleme in den Kellern auf.

Die **aktuelle bzw. die langfristige Stickstoff-Düngung** ist eine Tätigkeit, für die man viel Augenmaß benötigt. Beobachtungsgabe ist diesbezüglich besonders gefragt. Eine zu üppige N-Düngung in feuchten Jahren kann zu sehr starkem Wachstum führen, in weiterer Folge auch zu Traubenfäulnis. Es besteht auf jeden Fall ein verhältnismäßig enger Zusammenhang zwischen dem Nitratangebot in der Bodenlösung und der Konzentration an Aminosäuren bzw. der Konzentration einzelner Aminosäuren wie dem Arginin in den Trauben bzw. im Most (Siehe auch Abbildung).

Wenn der Rebstock ausgewogen wächst und gedeiht, dann lagert er auch mehr N-haltige Reservestoffe ins alte Holz und in die Wurzeln ein, die auch für die Traubenreife und die Versorgung der Trauben mit hefeverwertbarem Stickstoff sehr wertvoll sein können.

Die **Bestimmung des hefeverfügbaren Stickstoffes** im Traubenmost kann heute bereits in vielen Fachlabors relativ einfach durchgeführt werden. Obwohl nicht in allen Fällen eine hundertprozentige Aussagekraft erreicht wird, sind diese hilfreichen Bestimmungsmöglichkeiten gut geeignet, um Tendenzen festzustellen.

HVS, FAN-Bestimmung

Aus der Sicht des Praktikers orientiert sich der Lesezeitpunkt natürlich auch nach **arbeitswirtschaftlichen Kriterien** oder nach **Witterungsbedingungen**. Wenn Großkellereien sortenweise die

Botrytis

Trauben übernehmen, wird es nicht möglich sein, dass alle Chargen eine perfekte Reife besitzen. Wenn eine Regenphase im Anmarsch ist, wird natürlich auch versucht werden, zu retten, was zu retten ist, um größere Ausfälle durch Fäulnis zu verhindern. Starker **Botrytisbefall** reduziert ebenfalls wertvolle Beereninhaltsstoffe für unsere Hefen in Hinblick auf die alkoholische Gärung. Der Botrytispilz verstoffwechselt nicht nur wertvolle Aminosäuren, sondern er reduziert auch den Gehalt an Vitamin B1 (Thiamin). Zu wenig davon im Most führt in der Gärung zu erhöhten Werten von schwefelbindenden Substanzen wie Pyruvat und Ketoglutarat.

Die Lese der Trauben sollte bei Vollreife erfolgen, wenn die Zuckereinlagerung abgeschlossen ist und die Trauben an Gewicht nichts mehr zunehmen. Die Trauben müssen bei der Lese trocken sein. Regen kann das Mostgewicht um 1 bis 2° KMW reduzieren. Die Entscheidung wann tatsächlich gelesen wird, kann vor allem den Betriebsleitern größerer Betriebe schlaflose Nächte bereiten. Auf jeden Fall sollte ein sinnvoller Kompromiss gesucht werden, um für die angestrebte Weinqualität den besten Weg zu gehen.

Abb. 10
Sauerfäule (Botrytis)

Gärprobleme | Einflussgrößen im Weingarten

Reifeindikatoren:
Es gibt eine Reihe von Faktoren, die über Reife oder Unreife des Traubengutes Auskunft geben. Der **Zeitraum** zwischen Rebblüte und Traubenreife ist witterungsunabhängig und liegt für unsere Gebiete bei 105–115 Tagen. („100 Tage und eine Woche" gilt als alte Bauernregel.) Die bekannten **analytischen Parameter** wie Zuckergehalt (Dichte), Säuregehalt oder Verhältnis von Wein- und Äpfelsäure kann man ohne Probleme selbst bestimmen oder in einem Fachlabor bestimmen lassen. Mindestens genau so wichtig sind aber auch jene Reifeindikatoren, die man **visuell und sensorisch** feststellen kann:

- Veränderung der Beerenfarbe
- Durchscheinendwerden der Beere
- Laubfärbung in der Traubenzone (beginnende Vergilbung)
- Braunverfärbung der Samen
- Verholzung des Stielgerüstes am Beerenansatz (Trenngewebe)
- Abnehmender Butzenanteil (Verkostung der Beeren)
- Brüchigwerden der Beerenhaut (Verkostung der Beeren)
- Nachlassen der Adstringenz (Verkostung der Beeren)

Aus dieser Zusammenfassung der Reifeparameter ist ersichtlich, dass ein regelmäßiges **Begehen der Weingärten** in der Reifeperiode äußerst wichtig ist, um einzelne Parameter, die sich relativ schnell verändern können, im Auge zu behalten. Das Zusammenspiel von Analysen, Beobachtungen, Verkostungen, arbeitswirtschaftlichen Überlegungen und Wetterverhältnisse sollte schlussendlich ermöglichen, den optimalen Lesezeitpunkt zu bestimmen.

1.8 Traubenzustand

Primäre Traubenzustandsparameter sind im Wesentlichen
- hohe physiologisch Reife
- gesunde Trauben
- trockene Trauben.

Weiters spielt eine Reihe von *sekundären Parametern* in der Phase der Lese bis zur Verarbeitung eine wichtige Rolle:
- Traubentemperatur
- Zeit (Transport-, Verarbeitungsdauer, Standdauer)
- SO_2
- Hygiene

Traubenfäule

Die physiologische Beerenreife wurde im vorigen Kapitel bereits ausführlich besprochen. Die Trauben müssen bei der Lese trocken sein. Unter Gesundheit der Trauben versteht man das Freisein von pilzlichen und mechanischen Beschädigungen. Die nasse **Traubenfäule,** verursacht durch den Botrytispilz, ist äußerst problematisch. Neben der Reduktion von für die Hefe wertvollen Aminosäuren und Vitaminen, gibt es auch viele geruchliche und geschmackliche Beeinträchtigungen.

mechanische Beschädigungen

Mechanische Beschädigungen sind ebenso problematisch, denn Beerensaft tritt aus und wird mit einer Vielzahl von Mikroorganismen kontaminiert, die sich auf der Beere und in der Umgebung befinden. Ein hoher Beschädigungsgrad der Beeren kombiniert mit **hohen Trauben- bzw. Maischetemperaturen** (über 20°C) und längeren Zeitperioden kann die Gesamtkeimzahl drastisch steigen lassen und auf die Reintönigkeit der Vergärung großen Einfluss nehmen.

Traubentemperatur

Ein Problem stellt natürlich auch eine **zu tiefe Traubentemperatur** dar. In vielen Jahren werden die Trauben bei wenigen Plusgraden gelesen und in den Keller gebracht. Sowohl zu tiefe, als auch zu hohe Traubentemperaturen können zu Problemen bei der Mostentschleimung führen. Wenn keine Temperaturanhebung auf Starttemperatur (17–19°C) durchgeführt werden kann, werden sich die zugesetzten Reinzuchthefen im tiefen Temperaturmilieu ziemlich langsam vermehren. Auch im Temperaturbereich um 10°C besteht die Gefahr, dass sich unerwünschte Hefen stärker vermehren und die alkoholische Gärung beginnen. Hefen der Art *Hanseniasporum uvarum* sind beispielsweise in der Lage, bei diesen Temperaturen zu gären. Das betrifft auch das extreme Kaltgärungsniveau um 12–15°C. Diese *Hefen* bilden viele unangenehme Ester.

**SO$_2$
Hygiene**

Liegen beschädigte bzw. faule Beeren vor und sind die Traubentemperaturen relativ hoch, dann sollte zur Unterdrückung der „wilden Flora" auf die **Verwendung von SO$_2$** nicht verzichtet werden. Außerdem müssen, wie in allen anderen Arbeitsschritten, auch die Stationen Lese-Transport-Standdauer immer unter dem Grundsatz der **höchsten Hygiene** durchgeführt werden.

2 Die Hefe

Durch die Vergärung des Zuckers werden einerseits Alkohol und Kohlendioxid gebildet, andererseits entstehen auch charakteristische Gäraromen – das sogenannte Sekundärbukett. Verantwortlich dafür sind die Hefen – Pilze von einzelliger Natur, aber mit verschiedenen Zell- und Vermehrungsformen. Verwendet man die Bezeichnung bei der alkoholischen Gärung, so ist die Gattung *Saccharomyces* und deren Arten gemeint.

Je nach Art der Hefe können die Zellen kugelig, oval, länglich bis zylindrisch oder gespitzt vorkommen. Die Größe liegt zwischen 5 und 14 μ (1 μ = 1/1000 mm).

2.1 Herkunft

Die Hefen stammen zum größten Teil von der Oberfläche der Traubenbeeren, wo sie sich an den Stellen vermehren, an denen sie Zutritt zum Saft haben (feine Risse, Wunden, Fruchtpolster der Beerenstiele). Auf einer Beere finden sich ca. 8 Mill. Zellen, auf aufgesprungenen allerdings fast 40 mal so viel als auf unverletzten. **Beerenoberfläche**

Eine weitere Infektionsquelle ist der Weingartenboden, wo die Hefezellen durch zurück spritzende Regentropfen auf die Beeren gelangen. Auf tiefhängenden Trauben finden sich fast 5 mal soviel Zellen als auf Beeren in oberen Regionen.

Eine der wichtigsten Vermehrungsorte ist auch die Weinpresse, die Keimzahl kann nach Verlassen der Presse bis 1000 mal höher sein. **Presse**

2.2 Zusammensetzung der natürlichen Hefeflora

Abhängig vom Witterungsverlauf setzt sich die Hefeflora unterschiedlich zusammen, aus dem Weingarten kommen nur 1–3% der erwünschten Hefen. Zumeist sind es 16 verschiedene Hefestämme, von diesen können nur 5 den Most vollständig durchgären. In zahlreichen Untersuchungen war die Hefeart *Saccharomyces cerevisiae,* die „echte" Weinhefe, deutlich in der Minderzahl vor- **nur wenige Stämme gären durch** handen. Stark vertreten sind hingegen Apiculatushefen, die aber vermehrt Essigsäure und deren Ester bilden. Unter spontanen Bedingungen entwickeln sich zunächst vor allem „wilde Hefen", deren Anteil zu Gärbeginn 90% und mehr ausmachen kann. Erst ab ca. 4%vol Alkohol überwiegen die „echten Weinhefen", deren Anteil schließlich durchschnittlich 95 bis 98% erreicht.

Man unterscheidet nach Gärleistung und Aussehen:
– **Stark gärende Hefen:** Sie bilden viel Alkohol und viele positive Nebenprodukte. diese Hefen bezeichnet man auch als „echte Weinhefen" der Art *Saccharomyces cerevisiae*. Sie sind aber zu Beginn der Gärung nur in geringer Anzahl vertreten.
– **Schwach gärende Hefen:** Von Natur aus im Most vorhanden, werden sie als „Wilde Hefen" bezeichnet. Anfänglich sind sie 1000-fach zahlreicher als *Saccharomyces cerevisiae* und beginnen

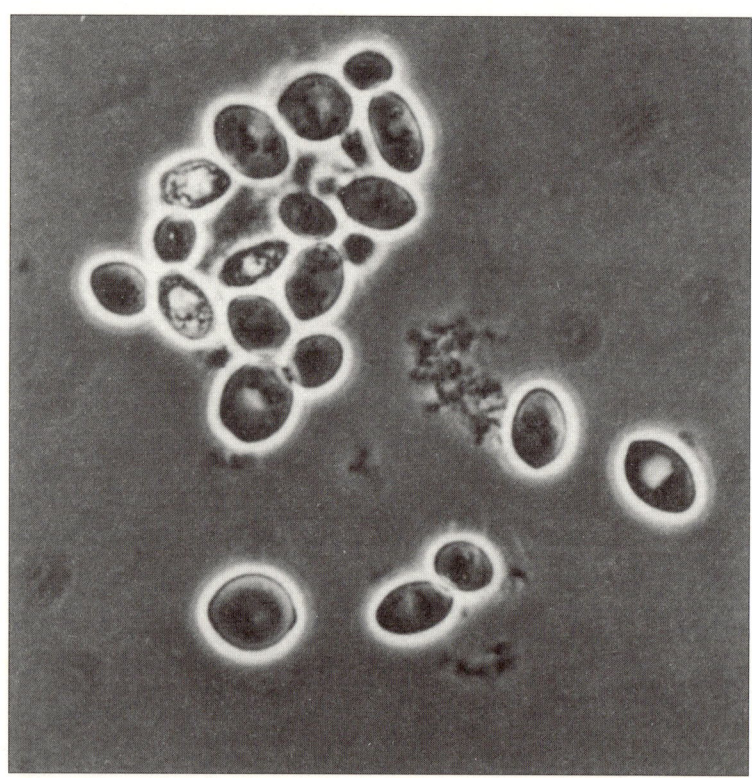

Abb. 11
Saccharomyces-
Hefen

Gärprobleme | Die Hefe

die Gärung. Hauptvertreter sind *Kloeckera apiculata* („Apiculatushefen"), *Candida, Metschnikowia*-Arten, sie weisen eine zugespitzte, zitronenartige Form auf. Die Alkoholverträglichkeit ist geringer. Einige Gärnebenprodukte der Wilden Hefen wie Glycerin sind von Vorteil, allerdings können einige Vertreter bis 2 g/l Essigsäure bilden, um 10 x mehr als *Saccharomyces cerevisiae*.
– **Kahmhefen:** sie sind sauerstoffbedürftig und weinschädlich, und vermehren sich gerne auf der Oberfläche von Weinen mit niedrigerem Alkoholgehalt (11 %vol.)
– **sporadisch vorkommende Hefen:** ihnen wird keine Bedeutung zugemessen.

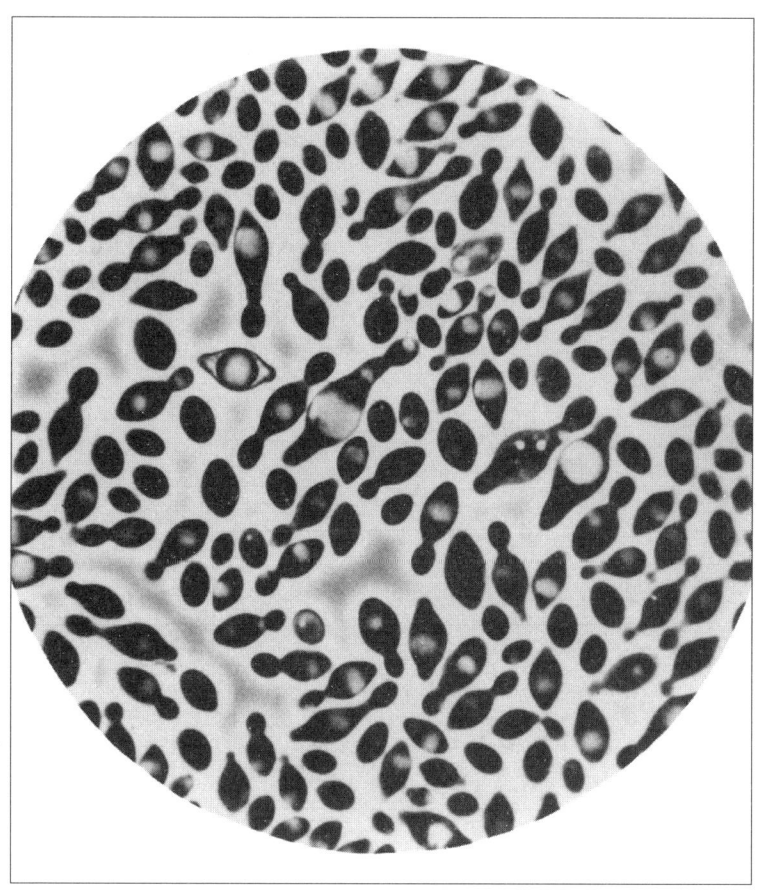

Abb. 12
Apiculatushefen

2.3 Phasen der Gärung

Das Leben der Hefe im Most kann in vier Stadien eingeteilt werden:
– „Lag – Phase": In dieser erfolgt die Adaptierung an die Umweltbedingungen
– „Exponentielle Phase": Jetzt findet die Vermehrung und der Gärbeginn statt
– „Stationäre Phase": Konstante maximale Gärleistung
– „Absterbephase": Die Gärleistung geht wieder zurück.

2.4 Hefevermehrung

Abb. 13
Die Stadien der Hefe bei der alkoholischen Gärung

Unter den bei der Weinbereitung vorherrschenden Bedingungen vermehren sich die Hefen durch Sprossung. Dieser Vorgang kann ca. 7 mal stattfinden, wobei an der Hefeoberfläche eine Spross-

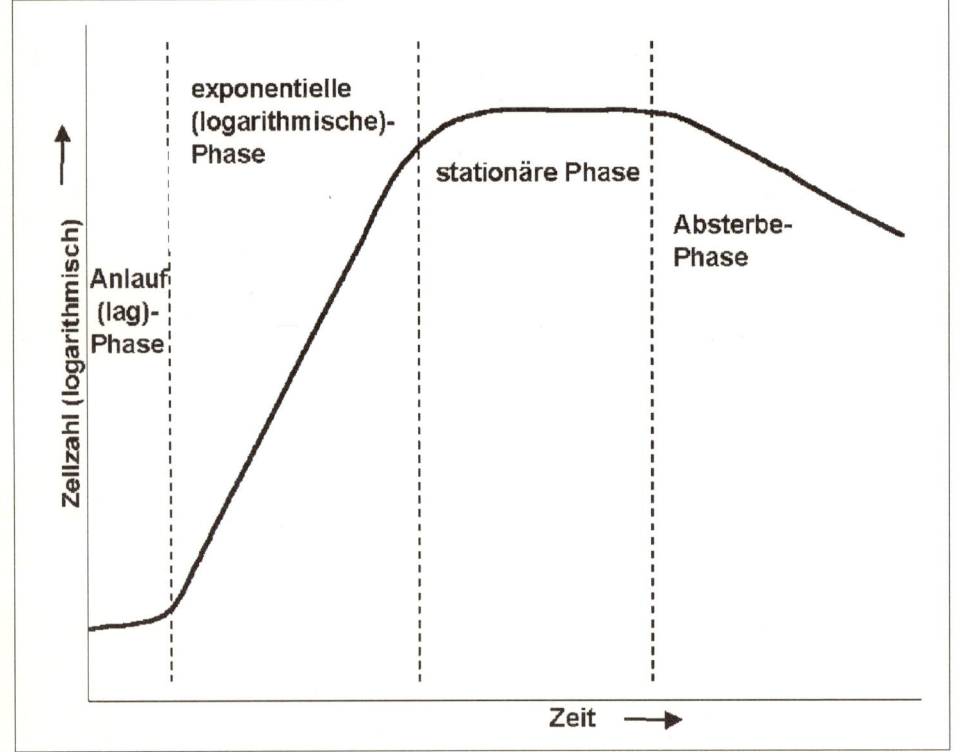

narbe zurückbleibt, die wenig Stoffwechseltätigkeit vollführen kann. „Altgediente" Hefen mit vielen Sprossnarben haben daher geringere Gärleistung.

2.5 Reinzuchthefen

Für einen raschen Gärstart ist eine Zellzahl von ca. 2–4 Millionen Hefezellen pro ml notwendig. Um diese auch sicher zu erreichen ist die Verwendung von Reinzuchthefen heute üblich. Gewünschte Eigenschaften sind:

Reinzuchthefen – Anforderungen

– rasches Angären
– problemloses Durchgären
– Gärung in einem weitem Temperaturbereich
– geringe Schaumbildung
– keine oder möglichst wenig Nebenprodukte
– gute Alkoholausbeute
– keine SO_2-Bildung (wichtig für bakt. Säureabbau)
– Alkoholverträglichkeit (bei Sekthefen)
– Zuckerverträglichkeit (Osmotoleranz) bei Prädikatsweinen
– keine Bildung filtrationsstörender Stoffe (Mannane, Glucane)
– rasches Absetzen nach der Gärung
– Farbschonung bei Rotwein
– grundsätzlich keine Beeinflussung des Sorten- oder Lagentyps.

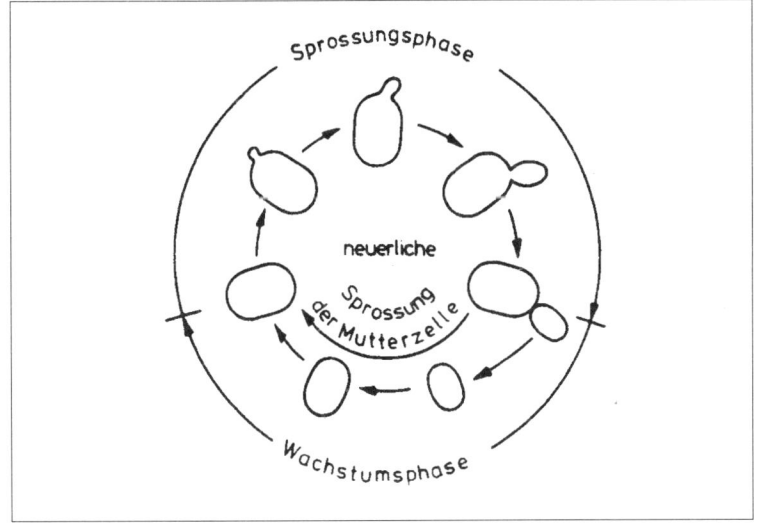

Abb. 14
Vegetativer Zell-zyklus von Saccharomyces cerevisiae.

Grundsätzlich soll die Hefe eines machen: aus Zucker Alkohol und CO_2 erzeugen. Wenn dies auch die Grundforderung ist, so entstehen bei der alkoholischen Gärung verschiedene Nebenprodukte, die je nach Hefe einen unterschiedlichen Geschmackseindruck erbringen können. Zusätzlich sind die verschiedenen Hefekulturen für extreme Bedingungen adaptiert wie z. B. kalte Gärungen (12–15°C) oder sehr hohe Mostgewichte. Wenn auch das Verhalten der Hefe einen Einfluss auf das resultierende Weinaroma bzw. die Inhaltsstoffe hat, so darf man nicht vergessen, dass dies nur einen Einflussfaktor für das Gesamtbild des fertigen Weines darstellt. Alle anderen Parameter wie Vorklärgrad, Schwefelung, Mostgewicht, Gärtemperatur, etc. üben ebenso einen – wenn nicht größeren – Einfluss aus.

2.6 Spezielle Reinzuchthefen

Von den Herstellern werden über 100 Hefepräparate angeboten, die jeweils besondere Anforderungen erfüllen sollen. Einige Beispiele:

Kaltgärhefen

Sie zeichnen sich durch große Temperaturtoleranz aus. Von einer Kaltgärung spricht man bei einer Vergärung im Temperaturbereich von ca. 12–15°C, wo die Hefe für Durchgärsicherheit sorgt. Neben dem unterschiedlichen Gärverhalten bleibt naturgemäß auch mehr Aroma im Wein gelöst als bei heftiger wärmerer Vergärung, auch sind vermehrt verschiedene Ester, die ein Aroma in Richtung tropische Früchte, Banane, Ananas, etc. bringen, festzustellen.

Hefe für hohe Gradationen

Diese Hefen kommen mit dem Zuckerangebot höhergradiger Moste gut zurecht. Sie bringen auch für das Wiedereinleiten einer Gärstockung zum Teil sehr gute Ergebnisse (z. B. Oenoferm Klosterneuburg).

Aromahefen

Bei diesem Begriff muss man zwei verschiedene Typen unterscheiden
– Hefen mit zusätzlichem Gäraroma

Die Hefe kann kein „echtes" natürliches Traubenaroma erzeugen, da dieses vorwiegend aus Terpenen aufgebaut ist. Was die Hefe vermag, ist Esterbindungen mit vorwiegend Essigsäure oder Ethanol herzustellen. Diese Verbindungen sind flüchtig und legen sich sozusagen über das Traubenaroma „drüber". Dadurch entsteht ein deutliches Gäraroma, das oft als Zuckerl, Eisbonbon, Drops charakterisiert wird, man spricht auch von Esterfruchtigkeit. Diese neu gebildeten Gäraromen sind jedoch nicht lange haltbar, sie nehmen mit der Zeit ab, nach drei Jahren sind sie zum Teil gar nicht mehr nachweisbar (Rapp 1988). Dieser Weintyp ist also für den eher raschen Konsum gedacht, bei längerer Lagerung können diese Esterverbindungen auch unangenehmen Charakter annehmen.

Aroma durch Esterbildung

zeitlich begrenzte Wirkung

– Hefen mit glycosidischen Enzymaktivitäten

Die meisten Aromen sind in der Traube an Zuckermoleküle gebunden, damit sind sie stabilisiert. Wird dieser Zucker abgespalten, so wird das Aroma flüchtig und damit sensorisch wirksam. Die Abspaltung kann entweder enzymatisch oder – bei der Lagerung des Weines – durch die eigenen Säuren erfolgen. Aromahefen dieser Art verfügen über eine besonders hohe Enzymaktivität zur Abspaltung des Zuckerrestes. Dies bewirkt bereits eine raschere Freisetzung der Aromen, was sonst erst bei der Lagerung erfolgen würde. Es stellt somit keinen Zusatz, sondern nur eine zeitliche Vorwegnahme dar, nach halbjähriger bis einjähriger Lagerzeit ist oft kein Unterschied mehr festzustellen. Der Jungwein wird zum Teil unterschiedlich beurteilt, einerseits wird das zusätzliche intensive Aroma als positiv empfunden, manchmal aber auch schon als zu „laut" und untypisch angesehen.

Aromafreisetzung durch Enzymaktivität

Sekthefen

Sie sind Hefen der Rasse *Saccharomyces bayanus* und zeichnen sich durch hohe Alkohol- und SO_2-Verträglichkeit aus. Sie werden daher auch gerne zum Beheben einer Gärstockung verwendet, vor allem wenn schon geschwefelt wurde, sind allerdings glucophiler als *Saccharomyces cerevisiae*.

Sortenhefen

Von verschiedenen Traubensorten wurden Hefen isoliert, die eben diesen Sortencharakter unterstützen sollen. Sowohl bei Rot- wie bei Weißwein kann dies positiv zum Gesamtaroma beitragen, muss aber immer im Einzelfall bewertet werden.

Rotweinhefe

Die Rotweinfarbe ist in der Traubenhaut wie auch das Aroma zur Stabilisierung an Zucker gebunden. Durch starke glycosidische Enzymtätigkeit kann diese Verbindung aufgespalten werden, es kommt dann rasch zu Reaktionen der Anthocyane und möglichen Farbverlusten. Die speziellen Rotweinhefen haben äußerst geringe Enzymtätigkeit und schonen daher die Farbe.

Rotweinhefen sind auch zum Teil daraufhin selektiert möglichst wenig SO_2 zu bilden, um einen biologischen Säureabbau nicht zu erschweren. Weitere angebotene Rotweinhefen unterstützen spezielle Sortenaromen und sind daher den Sortenhefen zuzuordnen.

Glycerinbildende Hefen

Glycerin trägt zur Fülle bei und wird vor allem von den schwach gärenden Wilden Hefen produziert. Eigene Selektionen von *Saccharomyces*-Hefen können auch höhere Gehalte an Glycerin bilden, in bisherigen Versuchen zeigten manche jedoch nicht immer die besten sensorischen Ergebnisse.

Säureerhaltende Hefen

Hefen mit sehr geringer säureabbauender Aktivität sollen eine möglichste Bewahrung der vorhandenen Mostsäure bringen. Versuche brachten aber bis jetzt wenig befriedigende sensorische Ergebnisse.

Hefen mit starker Autolyseneigung

Die Selbstzersetzung der Hefe (Autolyse) nach abgeschlossener Gärung begünstigt die Abgabe von Aminosäuren und Mannoproteinen in den Jungwein. Dies bringt einerseits bessere Nährstoffversorgung für den biologischen Säureabbau, andererseits bringen Mannoproteine auch dichteres Mundgefühl. An der Weiterentwicklung dieser Hefen wird gearbeitet.

Durch eine scharfe Entschleimung (Mostvorklärung) kann der Gesamtkeimgehalt des Mostes auf etwa ein Zehntel reduziert werden.

2.7 Gärungseinflüsse

2.7.1 Temperatur

Sie stellt den absolut wichtigsten Faktor bei der Gärung dar, in den meisten Fällen sind Gärprobleme tatsächlich Temperaturprobleme.

Die Optimaltemperatur für Vermehrung und Gärung der Hefe liegt bei 30°C. Größere Abweichungen von diesem Mittelwert hemmen den Stoffwechsel der Hefe. Zu vermeiden ist auch Hefestress durch eine zu rasche Temperaturänderung, sie sollte höchstens 4°C pro Stunde betragen. Bei zu rascher Absenkung wird die Enzymaktivität beeinträchtigt.
Durch die Temperatur kommt es auch zu einer Hefeselektion. Bei kaltem Lesewetter und daraus resultierender niedriger Mosttemperatur kommt es zu einer Bevorzugung der Wilden Hefen da *Saccharomyces cerevisiae* weniger temperaturtolerant ist und sich dann nur langsam vermehrt. Der Anteil der Hefen wie *Kloeckera apiculata (Hanseniaspora uvarum)* wird größer. Letztere können auch bei Temperaturen unter 15°C gären.

Wird der Most nicht auf Starttemperatur von 18°C erwärmt, und auch keine Reinzuchthefe zugesetzt, so kann damit eine Fehlgärung schon vorprogrammiert sein.

Starttemperatur

Bei sehr hohen Gärtemperaturen (ca. 35–37°C) kann es zu einem plötzlichen Abbruch der Gärung kommen, der als „Versieden" bezeichnet wird. Dabei kommt es zu einem Absinken der Viskosität der Membran und die Proteine für den Zuckertranport werden geschädigt.

Versieden

Bei hohen Gärtemperaturen (> 23° C)

höhere Gehalte an Glycerin, vergärbarem Zucker, Restextrakt, Milchsäure, Pyruvat, Ketoglutarsäure, gebundenem SO_2, 2-Phenylethanol, Propan-1-ol, Isobutanol, Isoamylalkoholen, Ethylacetat, Ethyllactat

Bei niedrigeren Gärtemperaturen (< 23° C)

höhere Gehalte an Gesamtalkohol, Gesamtsäure, Äpfelsäure, Acetaldehyd, ges. Polyphenolen, Gesamtester

Abb. 15
Produkte bei unterschiedlichen Gärtemperaturen.

Je höher der Alkoholgehalt, desto empfindlicher werden die Hefen auch auf Temperaturschock. Abkühlung kann dann genauso schädlich sein wie Erwärmung.

Die „richtige" Gärtemperatur kann sehr unterschiedlich sein. Je wärmer vergoren wird, desto mehr Aroma und Alkohol geht verloren, desto sicherer wird aber die Hefe den Most durchgären.

Abhängig von der Temperatur erzeugen die Hefen bei der Gärung auch unterschiedliche Nebenprodukte (Abb. 15).

2.7.2 Zuckerkonzentration

sehr differenzierte Zucker-Aufnahme

Die Aufnahme des Zuckers in die Zelle ist ein für die Hefe sehr schwieriger Vorgang und wird durch insgesamt 18 verschiedene Transportproteine bewerkstelligt. An diese wird der Zucker gebunden und in die Zelle eingeschleust. Die Bindungsfähigkeit ist je nach Konzentration unterschiedlich, daher gibt es anscheinend so viele Zuckertransporter mit ebenso unterschiedlicher Leistungsfähigkeit, um in einem weiten Konzentrationsbereich arbeiten zu können.

Einer der Anlässe für eine Gärstockung ist eine Verschlechterung der Nährstoffsituation im Most, so dass die Zuckertransporter nicht mehr arbeiten, aber weiter Zucker in der Hefe abgebaut wird. Dies ist letztendlich für sie toxisch, und sie stirbt ab.

Glucoseaufnahme bevorzugt

Hefen sind glucophil, das heißt sie vergären zuerst Glucose. Mit ein Grund ist die schwächere Bindungsfähigkeit von Fructose an die Transportproteine. Die Änderung des Glucose-Fructose Verhältnisses in der Gärung versucht die Hefe durch ein „Umschalten" von Enzymen auszugleichen. Gelingt dies der Hefe nur schlecht, neigt sie stärker zu Gärstörungen.

Moste mit geringem Zuckergehalt gären am leichtesten, Moste unter 11 vol% Gesamtalkohol haben selten Gärprobleme. Bei hohen Gradationen besitzt der Most auch stark wasserentziehende Wirkung auf die Hefezellen. Gerade bei Prädikatsweinen ist dies für die Vergärung von großer Bedeutung, die Hefen müssen nicht nur gut gärfähig sein, sondern auch eine hohe Zuckerkon-

osmotolerant

zentration ertragen, sie müssen „osmotolerant" sein.

2.7.3 Alkoholgehalt

Die stark gärenden Saccharomyces-Hefen sind im Allgemeinen sehr alkoholtolerant. Sie können sich noch bei 12–13%vol Alkohol vermehren, wenn auch bei 15–16% vol Ethanol die Grenze der

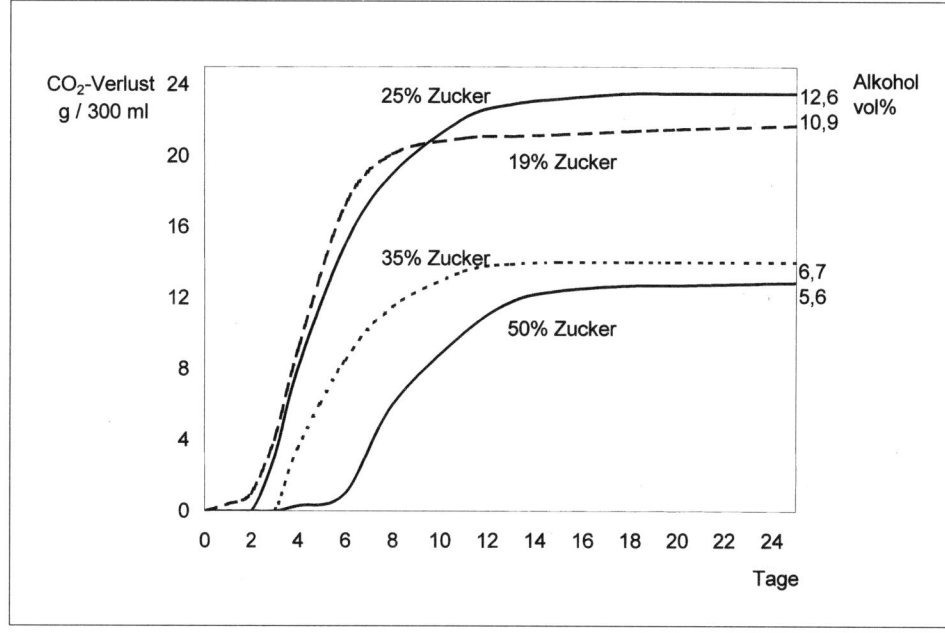

Abb. 16
Gärung eines Hefe-
stammes bei ver-
schiedenen Zucker-
konzentrationen
(nach Schanderl)

Gärmöglichkeit erreicht ist. Bei sehr hohen Alkoholgehalten wird die Endgärung meist von *Saccharomyces bayanus* durchgeführt, die zwar glucophiler aber noch alkoholresistenter als die meisten Stämme von *Saccharomyces cerevisiae* ist.

Der toxische Effekt des Alkohols ist noch nicht völlig geklärt, entweder wird die Zellmembran der Hefe verflüssigt, oder es kommt zu einer Anlagerung von Ethanol an den Phospolipiden der Membranaussenseite. In beiden Fällen wird der Stoffdurchtritt verlangsamt oder völlig behindert.

Die hemmende Wirkung von Ethanol auf die Vermehrung und Gärung macht man sich bei der Herstellung von Süßweinen (Portwein, Sherry) zunutze. Dabei wird beim erwünschten Restzucker die Gärung durch den Zusatz von Weinalkohol auf 16–18%vol unterbrochen (Aufspriten).

Alkoholtoxizität

2.7.4 Schwefelige Säure

Die Anwendung von SO_2 wirkt sich hemmend auf die Hefevermehrung aus, allerdings erst in Mengen ab 50 mg/l. Vor allem die wilden Hefen und eine Anzahl von Bakterien werden dadurch unterdrückt, *Saccharomyces*-Hefen aber wenig beeinträchtigt. Es wird somit der Gärbeginn beeinflusst, aber nicht der weitere Gärverlauf. Wird (fehlerhafter Weise) in die Gärung geschwefelt, so wird die H_2SO_3 durch Stoffwechselprodukte der Hefe sofort abgebunden, aus der zugesetzten „freien" wird die „gebundene" schwefelige Säure. Der Effekt ist eine nur kurzzeitige Beeinträchtigung und Verringerung der Gärintensität, und eine unerwünschte Erhöhung der Gesamt-SO_2. Am Ende der Gärung liegt keine freie SO_2 mehr vor, von der zugesetzten Gesamtmenge findet man üblicherweise ca. 15–20%, da der Rest mit den Trestern und dem Geläger (in der Hefe) entfernt wird.

Abb. 17
Angärverzögerung durch verschieden hohe SO_2-Zusätze (in mg/l) zum Most. Beimpfung mit 1% *Saccharomyces cerevisiae* bei 20°C

Die Wirkung der schwefeligen Säure ist sehr stark vom pH-Wert des Mostes abhängig, bei säurearmen Mosten ist die Wirkung deutlich geringer. Bei langsam verlaufenden Gärungen entstehen mehr Nebenprodukte wie Acetaldehyd, die SO_2 binden. Es können so „Schwefelfresser" entstehen, die dann einen höheren Gehalt an Gesamt-SO_2 haben.

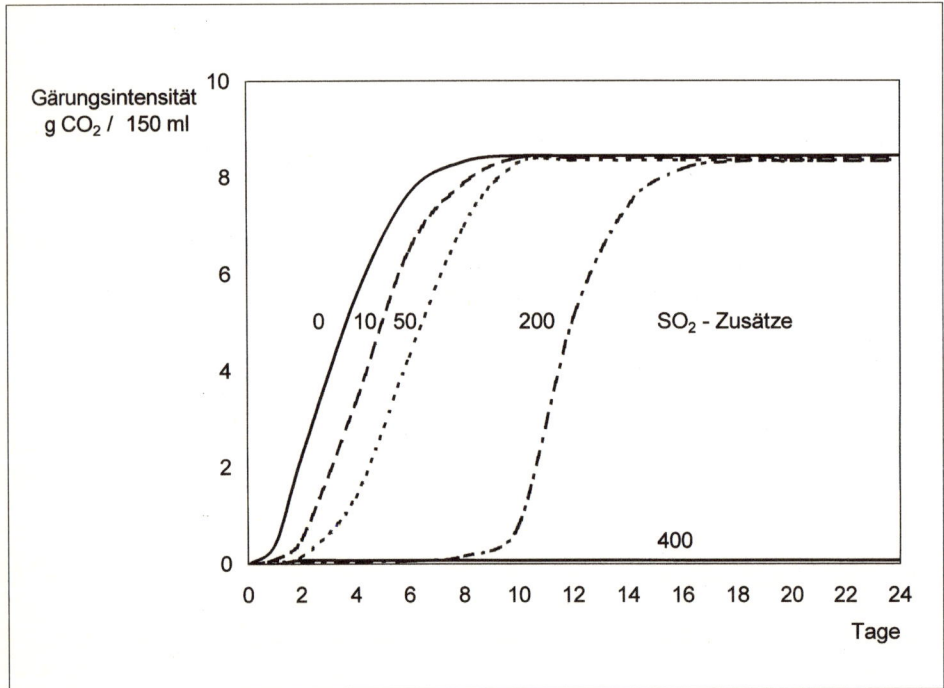

2.7.4.1 Trubgehalt

Hoher Trubgehalt unterstützt die Entwicklung einer hohen Zellzahl, die Entbindung von CO_2, was zu einer starken Durchmischung und weiterer Ankurbelung einer heftigen Gärung führt. Im Sinne einer angestrebten ruhigen, kontrollierten Gärung soll der Mosttrub daher abgetrennt werden (unter ca. 0,6 vol%). Durch die Mostvorklärung gären die Moste langsamer, gleichmäßiger, erwärmen sich nicht so stark und liefern reintönigere Jungweine. Die Alkohol- und Aromaausbeute ist höher, bei einer sehr langsamen Gärung steigt aber auch der Acetaldehyd und damit der SO_2.-Bedarf an (siehe Abb. 18, Seite 40).

CO_2-Entbindung durch Trub

Als Nachteil einer starken Vorklärung und eine Folge niedrigen Trubgehaltes ist die Verarmung von ungesättigten Fettsäuren und Sterolen, die aus dem Trub aufgenommen werden, zu nennen. Sie stehen bei der Hefevermehrung nicht für den Zellwandaufbau zur Verfügung. Weiters ist die Keimzahl der Mikroorganismen vermindert und es steht daher ein geringeres Angebot für Vitamine und Mineralien nach der Hefeautolyse bereit.

Schlechte Vorklärung erhöht auch die Gefahr der Böckserbildung.

2.7.5 Sauerstoff

„Eine belüftete Hefe gärt besser" ist eine alte Regel. Die Bedeutung des Sauerstoffes wird gerade bei den immer klareren, saubereren und in der Folge extremeren Gärbedingungen immer deutlicher. Bei heutiger schonender und reduktiver Verarbeitung, deren Ziel ja die Ausschaltung einer Schädigung durch Sauerstoff bedeutet, kann dies aber auch ein Manko für den Stoffwechsel der Hefe bedeuten, vor allem wenn nur Seihmoste verwendet werden.

Die Bedeutung des Sauerstoffs wird heute bei den anscheinend extremeren Gärbedingungen immer deutlicher. Bei der üblichen reduktiven Verarbeitung, die ja den Sauerstoffeinfluss gewollt ausschaltet, kann es bereits zu einer Beeinträchtigung des Hefestoffwechsels durch Unterversorgung kommen.

In der Vermehrungsphase benötigt die Hefe relativ große Mengen Sauerstoff zum Zellmembranaufbau. Fehlt dieser, so vermehrt sich die Hefe weniger, bildet nicht genügend Biomasse für ein zügiges Durchgären und hat auch eine schlechtere Konstitution.

Zellaufbau

Eine (Luft-) Sauerstoffgabe am zweiten Tag nach der Beimpfung der Hefe hat positive Effekte.

Luft am 2. Tag

Die Technik gezielter Belüftung als „Makro-" und „Mikrooxidation" etabliert sich bei der Rotweinbereitung nicht nur zur Gärun-

Makrooxidation
Mikrooxidation

Abb. 18
Beeinflussung des Gär-
verlaufes durch verschie-
den starkes Vorklären
des Mostes

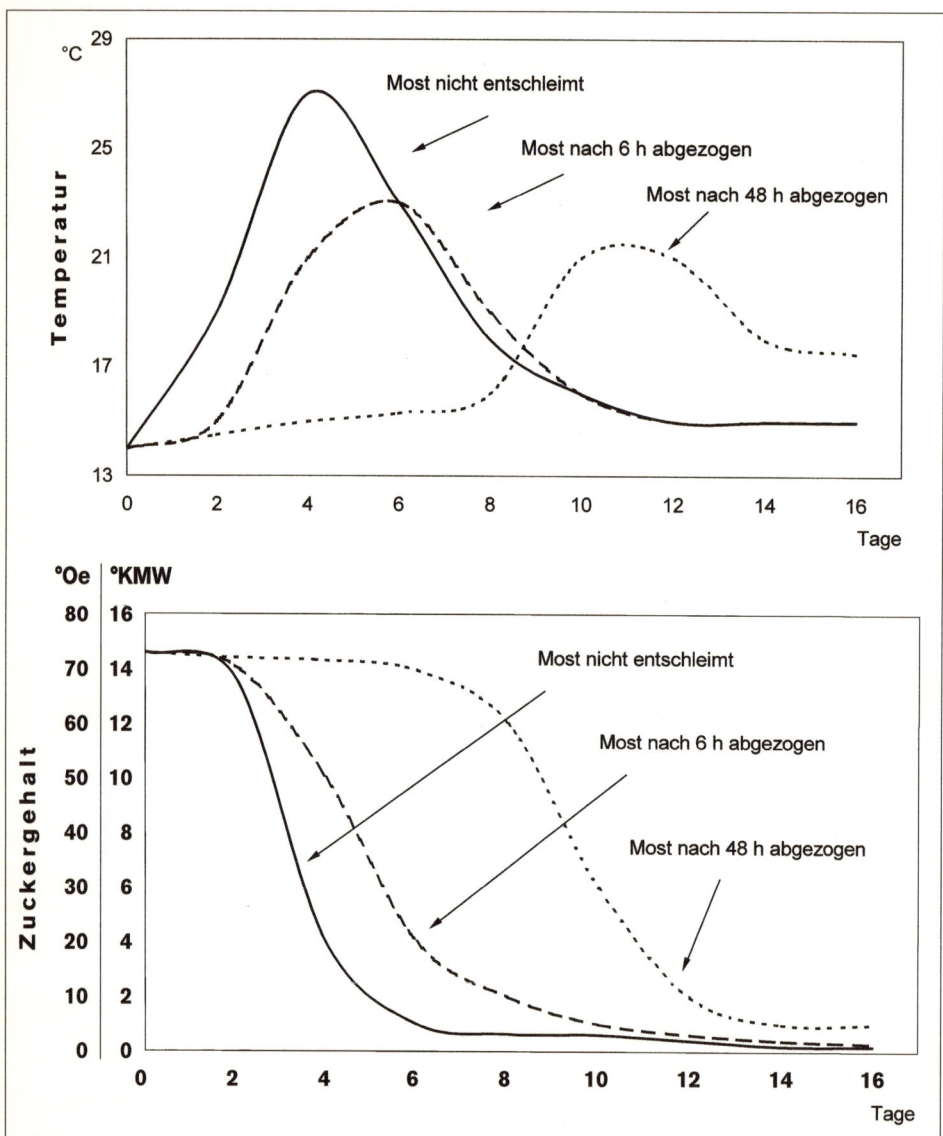

Gärprobleme | Die Hefe

terstützung, sondern vor allem zur Farbstabilisierung, siehe Kap. 4.1.
Grundvoraussetzung für den Einsatz von Luft ist natürlich einwandfreies gesundes Traubenmaterial!

2.7.6 Stickstoff

Der Stickstoffgehalt des Mostes ist für die Vermehrung und den Gärverlauf der Hefe sehr wichtig. Mangel führt zu gärschwacher Hefe und kann zu möglichen Gärproblemen sowie auch Fehlaromen wie Böckser führen. Siehe Kap.5.

2.7.7 Sonstige störende Stoffe

Ein hoher Metallgehalt, der von blanken Oberflächen (Eisen, Kupfer, Messing, Zink) spielt bei der Vergärung üblicherweise keine Rolle, bei einer zweiten Gärung (Sekt, umgären) kann er sich hemmend auswirken.

Metalle

Pflanzenschutzmittelrückstände bringen teils stark verzögertes Angären, wenn mit zu hohen Mengen gearbeitet wurde bzw. die Karenzzeiten nicht eingehalten wurden. Eine volle Gärstockung durch Spritzmittel kommt eher nicht vor. Durch eine gute Vorklärung kann der größte Anteil von Spritzmitteln entfernt werden.

Spritzmittel

Essigsäurebakterien können durch geschädigtes Lesegut (Botrytis) in großer Zahl in den Most gelangen.
Ebenso können *Lactobacillus*-Arten bis zu 4,5 g/l Essigsäure bilden und damit die Hefeaktivität vermindern.
Möglich ist auch eine gegenseitige Behinderung der Hefen durch Ausscheidung verschiedener Substanzen wie z. B. Ammoniak.

Bakterien

3 Traubenverarbeitung

rasch und
schonend

Zu 80% wird die Weinqualität durch die Traubenverarbeitung beeinflusst. Dies betrifft aber nicht nur den Weincharakter und die Lagerfähigkeit, bei vielen Arbeitsschritten wird durch Veränderung der Mikroorganismenflora die Voraussetzung für die Gärung verändert. Rasche und schonende Verarbeitung ist wichtig. Vor Allem das Vermeiden unnötiger Standzeiten dient der Aromaschonung und der Beherrschung der mikrobiologischen Situation.
Im Folgenden werden die Arbeitsschritte angesprochen, die von mikrobiologischer Relevanz sind.

3.1 Rebeln, Maischen und Pressen

Rebeln gehört heute zum „guten Ton". Eine Maischestandzeit nach dem Quetschen ermöglicht eine Auslaugung von Inhaltsstoffen. Dadurch wird der Gehalt an Extrakt-, Bukett- und Farbstoffen erhöht, es gelangen auch mehr Nährstoffe für die Hefe in den Most. Der höhere Gehalt an Fettsäuren begünstigt den Zellwandaufbau der Hefe und erhöht damit deren Gärkraft.

Maischestandzeit
– mehr Nährstoff

Diese drei Arbeitsschritte tragen am meisten zur Hefevermehrung bei, wobei die Presse eines der größten Beimpfungsinstrumente darstellt.

starke Keimzahl-
erhöhung

Insgesamt wird die Gesamtkeimzahl des Mostes um das 100- bis 1.000-fache(!) erhöht, vor allem nach einigen Lesewochen. Dadurch zeigt sich die Notwendigkeit einer gewissenhaften Reinigung und Desinfektion, da die in den Geräten verbleibenden Mostreste die Vermehrung von Organismen wie Schimmelpilzen, Essigbakterien und unerwünschten Hefen begünstigen und Fehlgärungen bzw. Fehltöne verursachen.

3.2 Schwefeln

Der Zusatz von SO_2 hat mehrere Wirkungen:
– Hemmung der (sehr aktiven) Oxidationsenzyme
– Hemmung von unerwünschten Hefen und Bakterien
– Abbinden von Luftsauerstoff
– Erhöhung der Gerbstoffauslagerung

Je früher die Zugabe erfolgt, desto besser kann die Maische vor Lufteinwirkung geschützt, eine Bräunung verhindert und die Bukettentwicklung und Reintönigkeit begünstigt werden. Vor allem wird dadurch die Vermehrung der auf SO_2 empfindlicheren unerwünschten Hefen und der Bakterien gehemmt und damit eine Vorselektion getroffen. Diesbezüglich voll wirksam ist aber eine Schwefelung erst ab 50 mg/l. Ein SO_2-Gehalt unter 25 mg/l ist mikrobiologisch gesehen „kein SO_2"!

Gerade bei mangelnder Traubengesundheit ist eine ausreichende Schwefelung und gute Hygiene bei der Verarbeitung unerlässlich!

Eine Schwefelung muss ausreichend sein

3.3 Kühlung, Kaltmazeration

Im Fall einer kühlen Lagerung von Maische oder Most muss man bedenken, dass die erwünschten *Saccharomyces cerevisiae* weniger thermotolerant sind als die wilden Hefen, deren Vermehrung wird also dadurch begünstigt. Eine nachfolgende Zugabe von Reinzuchthefe ist daher dringend anzuraten.

Selektion durch Kälte

Auch bei der Kaltmazeration, der Lagerung der Maische bei 5–10°C mit dem Ziel der besseren Aromaauslaugung, gelten die gleichen Voraussetzungen für die Hefevermehrung. Oft wurde festgestellt, dass nach einer solchen Maischebehandlung die Gärung viel rascher verläuft – ein Hinweis auf die erfolgte Adaptierung und die zahlreicher vorhandenen Wilden Hefen, die das Angären bewerkstelligen.

4 Die Mostbehandlung

4.1 Lüften und Mostoxidation

„Eine belüftete Hefe gärt besser" ist eine alte Regel. Bei heutiger schonender und reduktiver Verarbeitung, deren Ziel ja die Ausschaltung einer Schädigung durch Sauerstoff bedeutet, kann dies aber auch ein Defizit für den Stoffwechsel der Hefe bedeuten, vor allem wenn nur Seihmost verwendet wird.

Zellaufbau   In der Vermehrungsphase benötigt die Hefe relativ große Mengen an Sauerstoff, speziell für die Synthese von Sterolen (Ergosterol) und ungesättigten Fettsäuren (Oleinsäure) zum Zellmembranaufbau. Bei Sauerstoffmangel vermehrt sich die Hefe schlechter und bildet nicht genügend Biomasse für ein zügiges Durchgären.

Luft am 2. Tag   Neuere Untersuchungen kommen zu dem Schluss, dass eine (Luft-)Sauerstoffgabe am zweiten Tag nach der Beimpfung der Hefe für die Gärleistung und Konstitution günstig ist (bei Rotweinen kommt es dabei zugleich zum Beginn der Farbstabilisierung).

6–8 mg/l   Der Sauerstoff ist für die Hefe verfügbar, sofern die Oxidationsenzyme durch SO_2 gehemmt wurden. Eine Sättigung des Mostes ist bei ca. 6–8 mg/l erreicht.

Mostoxidation   Bei der sogenannten „Mostoxidation" wird dieser Effekt durch das Einblasen von (Luft-) Sauerstoff zusätzlich unterstützt. Der Most muss dabei aber von gesunden Trauben stammen, da sonst mit Essigstich zu rechnen ist, und darf nicht geschwefelt sein, damit die Enzyme nicht gehemmt werden. Wenn die Dosierung richtig gewählt ist, kommt es zu keiner Aromaschädigung, da der Sauerstoff sowohl von den Enzymen als auch von der Hefe zur Vermehrung benötigt wird.

Bei einer gezielten Mostoxidation ist aber so gut wie kein Sauerstoff für die Hefe vorhanden, da er eben dann von den Enzymen auf die Polyphenole übertragen wird.

Luft während der Gärung   In vielen Fällen hat sich gezeigt, dass durch Begasen mit Sauerstoff während der Gärung eine Unterstützung der Gärleistung erzielt werden kann, zumal auch eine CO_2-Austreibung erfolgt, was wieder günstigere Druckverhältnisse für die Hefe schafft.

Als „Makrooxidation" ist diese Technik bei der Rotweinbereitung – vor allem zur Farbstabilisierung – als Verfahren dabei, sich gerade zu etablieren, vorausgesetzt man hat optimales Traubenmaterial. Hier wird mit Mengen von ca. 60 mg/l gearbeitet, während die „Mikrooxidation" bei der Lagerung der Farbstabilisierung dient und sich auf eingebrachte Mengen von 2–4 ml/l pro Monat bezieht.

Makrooxidation
Mikrooxidation

4.2 Entschleimung (Mostvorklärung)

Die Entschleimung ist einer der wichtigsten Schritte, um sauberen reintönigen Wein zu erhalten. Der von der Presse ablaufende Most enthält noch viele unerwünschte Fremdstoffe wie Traubenkerne, Schalen, Fruchtfleisch, Erde, Spritzmittelreste etc. Diese sollen vor der Gärung unbedingt entfernt werden, um nachteilige Wirkungen zu vermeiden. Unbedingt notwendig ist das Entschleimen bei gefaultem und sehr unsauberem (Erde) Lesegut. Empfohlen wird heute ein Absenken des Resttrubgehaltes auf höchstens 0,6% Gewichtsprozent, ab 1% sind bereits unsaubere Töne bemerkbar (Seckler, 2000).

Durch die Entschleimung wird aber auch die Keimzahl vermindert. Dies bewirkt einen ruhigeren Gärverlauf, bei Spontangärung aber auch ein langsameres Angären, da die dafür verantwortlichen wilden Hefen in geringerer Zahl vertreten sind. Auch ist der (durch sie gebildete) Glyceringehalt im Wein geringer.

Keimzahl-
verminderung

4.3 Bentonitbehandlung

Mit Bentonit wird das „thermolabile" Eiweiß aus dem Most bzw. Wein entfernt. Je früher eine Behandlung erfolgt, desto weniger belastend wirkt sie. Kann der frühzeitige Bentonit-Einsatz im Most gerade bei eiweißreichen Sorten und Jahrgängen günstig sein, so sind die Unterstützung der Vorklärung, eine ruhigere und schaumfreie Gärung, sowie ein reintönigerer Wein weitere Vorteile.

weniger Schaum

Als Nachteil der Mostbehandlung ist jedoch anzuführen, dass es durch die Adsorption von Aminosäuren bzw. Ammoniumionen zu einer Nährstoffverringerung kommt. Gerade das von der Hefe sehr benötigte Arginin wird durch Bentonit sehr gut adsorbiert.

weniger Amino-
säuren

4.4 Kühlung

Ein Abkühlen des Mostes für z.B. eine längere Entschleimung begünstigt wie auch bei der Maische die Vermehrung der Wilden
Hefen, da die *Saccharomyces cerevisiae* nicht so temperaturtolerant sind. Daher sollte nach dem Anstellen auf Gärtemperatur unbedingt eine Reinzuchthefegabe erfolgen.

4.5 Entsäuerung

Die Mostentsäuerung ist in entsprechenden sauren Jahren neben
dem Entschleimen und der Anreicherung eine Maßnahme zur
Qualitätsbeeinflussung. Grundsätzlich gewährleistet aber ein sau-
rer Most eine mikrobiologisch reintönigere Gärung, da unerwünschte Bakterien (Stäbchen, Kokken) bei einem pH unter 3,4
unterdrückt werden.

4.6 Gerbstoffbehandlung

Gerbstoffe können zwar gärhemmend wirken, sie sind in den im
Most vorkommenden Mengen nicht hefebeeinflussend. Eine
Gerbstoffbehandlung erfolgt daher nur aus Gründen der Rein-
tönigkeit und Harmonie.

5 Gärvorbereitung – Gärhilfsstoffe

Eine Gärstörung kann verschiedene Ursachen haben, diese können sowohl im Weingarten, als auch im Keller zu suchen sein:
– Mangelnde Nährstoffversorgung des Mostes
– Schlechter Zustand der Hefe
– Physikalische Gründe wie z.B. Temperatur
Eine gute Gärvorbereitung des Mostes trägt dazu bei, eine Gärstörung gar nicht entstehen zu lassen.

5.1 Faktoren für eine mangelhafte Nährstoffversorgung

– Standort (trockene Standorte, schwachwüchsige Böden)
– Jahreswitterung (Niederschlagsdefizit; in warmen Jahren ist der Gehalt freier Aminosäuren geringer)
– zurückgehende Düngung
– Dauerbegrünung
– Rebsorte (z.B. hohe Aminosäurewerte haben Ruländer oder Grüner Veltliner, niedere Werte haben Welschriesling oder Rheinriesling)

Abb. 19
Sauvignon 1998,
Verkostungs-
ergebnis

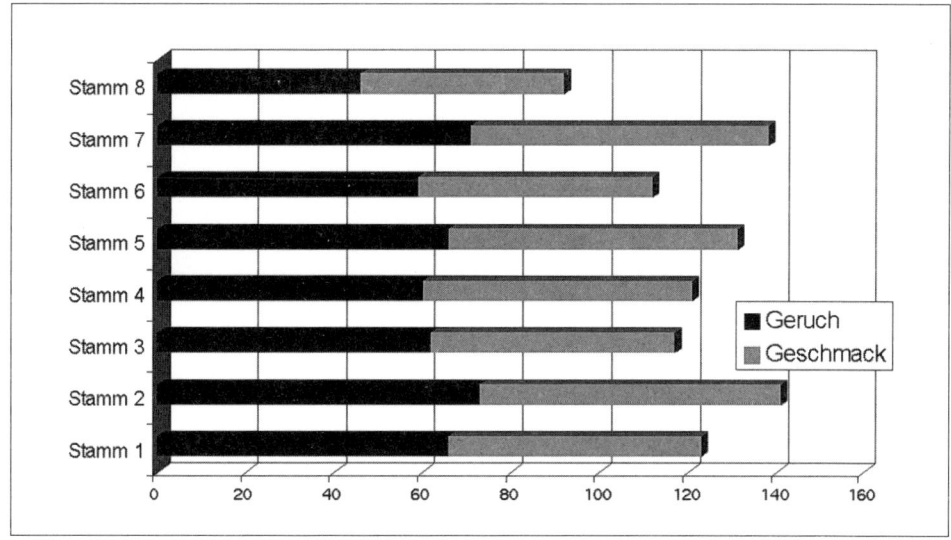

– faules Lesegut, dadurch verringerter Thiamingehalt
– unreife Trauben
– zu früher Lesezeitpunkt (erst in den letzten Tagen des Reifever-
laufes erfolgt ein überproportionaler Anstieg des Aminosäure-
gehaltes in den Beeren)

5.2 Die Rolle des Stickstoffs

Der Stickstoff ist für das Wachstum und den Stoffwechsel jeder
Zelle, somit auch der Hefe, unerlässlich. Er ist kennzeichnender
Bestandteil der Aminosäuren, die die Elementareinheiten der Ei-
weiße und somit auch der Enzyme darstellen und den Stoffwechsel der Zelle erst ermöglichen. Außerdem ist Stickstoff in organischen Basen enthalten, die einerseits Bestandteil von
Enzymwirkgruppen und energiespeichernden Substanzen, andererseits Teile der Erbsubstanz der Zelle sind.

Während der Hefe-Vermehrungsphase werden große Mengen
Stickstoff benötigt.

**Stickstoff-
Hauptquellen**

Wesentlich für den Stoffwechsel sind verschiedene Stickstofffrak-
tionen des Mostes: Peptide und Proteine, die Hauptquellen sind
freie Aminosäuren und Ammonium-Ionen. Entgegen der allgemeinen Meinung scheinen viele Stämme von *Saccharomyces cerevisiae* extrazellulär proteolytische Enzyme zu produzieren. So können auch Proteine des Mostes genutzt werden (Henschke und
Jiranek, 1993). Unter allen Stickstoffquellen präsentieren die Aminosäuren den Hauptbeitrag. Deren Zusammensetzung ist auch
sortenabhängig. Das stark benötigte Arginin ist z.B in Cabernet
Sauvignon und Cabernet franc wesentlich schwächer vertreten als

**Versorgung auch
sortenabhängig**

in Pinot Noir. Bei letzterem sind auch weniger Gärstörungen festzustellen.

Wenn sich die Hefe vermehrt, so ist die Synthese dieser und vieler
anderer stickstoffhaltiger Zellinhaltsstoffe dafür Voraussetzung.
Der N-Gehalt des Substrates ist daher von besonderer Wichtigkeit. Die meisten Hefen können alle für sie nötigen stickstoffhaltigen Stoffe aus einfachen Ammonium-Ionen (NH_4) selbst aufbauen.
Nitrate (NO_3) können nur in den seltensten Fällen verwertet werden.

Der Stickstoffgehalt nimmt nur so lange ab, solange sich die Hefe vermehrt. Mit der Gärung selbst ist kaum Stickstoffumsatz verbunden.

Das Hefewachstum hängt von der Verfügbarkeit der Nährstoffe ab. Als Minimum für eine vollständige Vergärung werden Mengen zwischen 120 bis 150 mg/l assimilierbarem Stickstoff angenommen.

Viel Stickstoffbedarf bei Vermehrung, weniger bei der Gärung

Stärker belüftete bzw. bewusst oxidativ behandelte Moste haben in der Gärung einen erhöhten Stickstoffbedarf. Sauerstoff hat demnach einen stimulierenden Einfluss auf die Hefe bezüglich der Stickstoffassimilation. Höhere Gärtemperaturen ergeben ebenso einen etwas höheren Stickstoffbedarf der Hefe in der Gärung.

Minimum 120–150 mg/l assimilierbarer Stickstoff

Die primären Gärprodukte Ethanol, CO_2 und Glycerin sind nur indirekt vom Stickstoff-Stoffwechsel betroffen. Die Hauptkomponenten des „Gärungsbuketts" sind organische Säuren, höhere Alkohole, Ester und Aldehyde. Diese Stoffe werden durch die Stickstoffverfügbarkeit stärker beeinflusst.

Die meisten negativen Geruchskomponenten basieren auf dem Element Schwefel (H_2S, Mercaptan, ...). Verschiedene kommerzielle Hefestämme produzieren unterschiedliche Mengen schwefelhaltiger Substanzen, die zum unerwünschten Böckser führen. Einer der Gründe für die Bildung von Böcksern ist auch ein Mangel an hefeverwertbarem Stickstoff im Most, den die Hefen unterschiedlich gut nutzen können.

Stickstoffmangel ist eine Böckserursache

5.3 Nährstoffeffizienz der Hefen

In Zusammenarbeit mit der HBLA und BA Klosterneuburg angelegte Versuche in Haidegg sollten die unterschiedliche Effizienz in der Nährstoffverwertung bestätigen. Bereits 1991 wurden in Australien (Jiranek, Henschke und Langridge) Unterschiede zwischen Hefestämmen von S. cerevisiae bezüglich Aminosäuren- und Ammoniumverwertung festgestellt. Dabei waren die quantitativen Unterschiede insgesamt gesehen größer als die qualitativen.

Versuchsbeispiel

Mit acht verschiedenen Hefestämmen wurde ein Traubenmost der Sorte Sauvignon Blanc im Rahmen der Mikrovinifikation vergoren. Sowohl in der Abnahme von NH_4 als auch im Verbrauch einzelner Aminosäuren konnten zum Teil signifikante Unterschiede festgestellt werden, die sich in weiterer Folge auf die Analytik und Sensorik der Endprodukte auswirkten. Ein Hefestamm (S. cerevisiae uvarum) zeigte einen weniger effizienten Verbrauch an Aminosäuren und NH_4 und fiel in weiterer Folge durch einen tendenziell höheren Restzuckergehalt der Versuchsweine auf. Ein *Sacc. cerevisiae* Hefestamm wurde sensorisch signifikant am schlechtesten bewertet und wies gleichzeitig den höchsten Bedarf an NH_4, Phosphat und Aminosäuren auf.

Die Versuche haben gezeigt, dass der Großteil der untersuchten Hefestämme das vorhandene Stickstoffangebot gut nutzen konnte. Einer der Stämme war nicht in der Lage, das vorhandene Aminosäuren- und Ammoniumquantum auszunützen. Für einen weiteren Stamm war das Nährstoffangebot zu gering. Beide Varianten wiesen entweder analytisch oder sensorisch Auffälligkeiten auf (Restzucker, dumpf).

5.4 Gärsalze

Abb. 20
Unterschiedlicher Arginin-Verbrauch verschiedener Hefen

Der Versuch macht deutlich, dass nicht alle Hefestämme die gleichen Ansprüche an das Nährstoffangebot aufweisen. Eine Möglichkeit, Defizite auszugleichen ist die Zugabe von Gärhilfsstoffen.

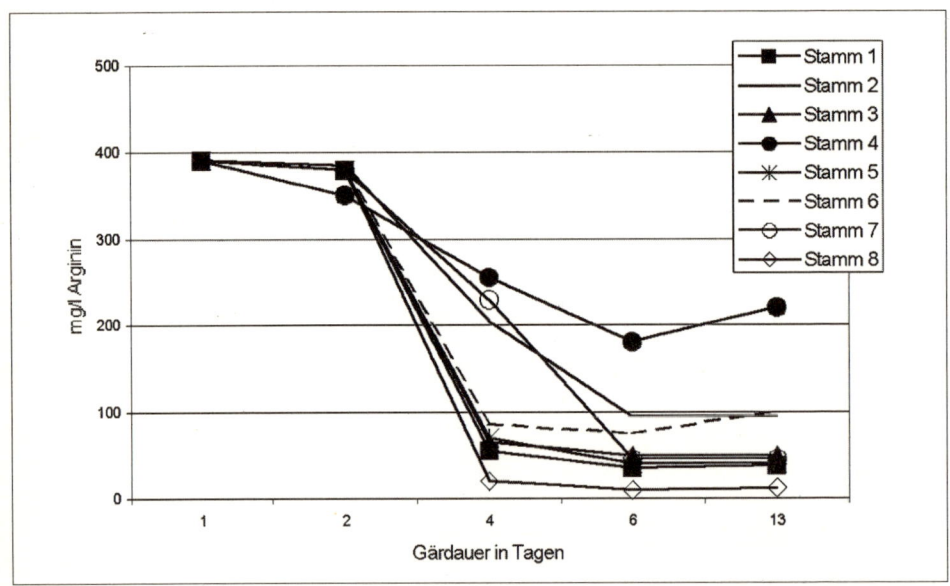

5.4.1 Zugelassene Gärhilfsstoffe

In der EU-Verordnung 1493/99 Anhang IV Z1 lit f sind als „Verfahren zur Förderung der Hefebildung" zugelassen: Thiamin-Dichlorhydrat, Diammoniumphosphat, Ammoniumsulfat, Ammoniumsulfit, Ammoniumbisulfit und Heferindenzubereitungen.

Thiamin (Vitamin B1)

In reifen und gesunden Trauben ist Thiamin ausreichend vorhanden. Zu wenig Thiamin im Most und in der Gärung führt zu erhöhten Werten an schwefelbindenden Gärungsnebenprodukten wie Pyruvat und Ketoglutarat. Thiamindefizite treten vor allem bei faulem Lesegut auf, da der Botrytispilz Vitamin B1 verbraucht. Erlaubt ist die Zugabe von 0,6 mg/l Thiamin.

Mangel bei Fäulnis

Diammoniumphosphat (DAP)

Es dient der Anreicherung des Mostes mit Stickstoffkomponenten. Die Hefe kann Ammonium-Ionen rasch assimilieren und zum Zellaufbau nutzen. Die Beifügung von Diammoniumphosphat ist bis zu einem Grenzwert von 30 g/hl gestattet. Das entspricht einer Erhöhung des Stickstoffwertes im Most um 77,4 mg/l, also ungefähr der Hälfte der für eine ordentliche Vergärung geforderten 130–150 mg/l hefeverfügbarem Stickstoff. Andere weinbautreibende Länder außerhalb Europas arbeiten mit wesentlich höheren DAP-Mengen (z.B. bis zu 150 g/hl in den USA).

Heferindenzubereitungen

Sie unterstützen die Vermehrungs- und Vergärungsleistung der Hefe. Die Wirkung beruht auf dem hohen Gehalt an ungesättigten Fettsäuren und Sterolen und der Adsorption gärhemmender Substanzen.

Im Handel sind häufig Mischpräparate der oben genannten Substanzen zu finden (z. B. Vitamon ultra, Vitamon combi, Fermaid E, Nutriferm).

5.4.2 Einsatzzeitpunkt

Als Einsatzzeitpunkte bieten sich mehrere Möglichkeiten an:
- vorbeugend vor der Beimpfung des Mostes mit Reinzuchthefe
- während der Gärung, wenn Fehlaromen erkennbar werden (Böckser)
- beim Eintreten einer Gärstockung (vor der Neubeimpfung mit Hefe)

– Splitting: 50% der Nährsalzmenge vor der Hefebeimpfung, die anderen 50% 2–3 Tage später nach einem Abzug über Luft (verbesserte Nutzung des Stickstoffes durch Sauerstoff-Einfluss)

Nicht in kalten Most bei Standzeit!

Eine frühe Zugabe in einen kalten Most, der noch eine längere Standzeit machen soll, ist nicht empfehlenswert, da dadurch Bakterien und wilde Hefen begünstigt werden. Dies kann zu höheren Gehalten an Stoffen führen, die für die Hefe toxisch sind wie z.B. Essigsäure.

Die Hefe ist in der Lage, Stickstoffreserven als Aminosäuren einzulagern. Passiert dies ausreichend während der Vermehrungsphase, dann ist die Hefezelle fast unabhängig von der Aufnahme von Stickstoff zu einem späteren Gärungszeitpunkt.

Ammoniumgaben, wenn die Hälfte des Zuckers abgebaut ist, haben in vielen Versuchen stimulierende Wirkung gehabt. Im Sinne einer qualitätsorientierten Vergärung wird auch vorgeschlagen, nach der Phase der stürmischen Gärung zugleich mit der Gabe der Gärsalze auch das Gärgebinde aufzufüllen, um den Verlust von Aromastoffen durch die Reduzierung der Oberfläche herabzusetzen und bei Abklingen der Gärung Oxidationsprozesse zu unterbinden (Fischer, 2000).

Zugabe zur Halbzeit

Zum Zeitpunkt einer Gärstockung ist die Hefe durch den hohen Alkoholgehalt nicht mehr in der Lage, Ammonium aufzunehmen. Die Zugabe eines stickstoffhaltigen Gärsalzes beim Eintreten einer Gärstockung gibt deshalb nur bei einer Hefe-Neubeimpfung zum Aufbau neuer Zellmasse einen Sinn.

Gärsalz bei Gärstockung?

5.4.3 Sensorische Auswirkungen

Durch die Nährsalzzugabe kommt es im Allgemeinen zu einer zügigeren Angärung, lang andauernde Endgärphasen konnten ebenfalls teilweise reduziert werden. Sensorisch wurden die Weine unterschiedlich bewertet, denn die positive Wirkung auf Geruch und Geschmack kommt erst dann richtig zu tragen, wenn im Most tatsächlich eine Mangelsituation vorliegt. Auffällig war aber ein immer wieder feststellbarer Einfluss beim Einsatz von Mischpräparaten, die Heferindenzubereitungen enthielten. Die Weine wurden des öfteren als stark hefig, böcksig oder dumpf beurteilt. Der Grund hiefür dürfte in einer nicht immer perfekten Reinigung der Zellwandzubereitungen auf der Seite des Herstellers zu finden sein. Auf jeden Fall ist es äußerst ratsam, solche Mischpräparate vor dem Gebrauch immer anzuriechen, und bei

Dumpfe Noten bei Heferinde?

zweifelhaftem Geruch aus der Weinproduktion auszuschließen. Diese Erfahrungen wurden sowohl in Versuchen unserer Versuchsanstalten als auch bei Untersuchungen von deutschen Kollegen gemacht.

Interessant ist auch die Erfahrung bei der Sektgärung, dass dumpfe Noten nicht beim Zusatz von Heferinde allein, sondern nur bei Anwendung von Mischpräparaten festgestellt wurden (BACH, 1997)

Bei einer eingetretenen Gärstockung ist es nicht immer ratsam Mischpräparate mit DAP, Thiamindichlorhydrat und Heferindenzubereitungen einzusetzen. Es sollte die Zugabe von Heferinde und eventuell DAP genügen. In unseren Versuchen haben wir des Öfteren einen sensorischen Einfluss auf die Weine feststellen können, wenn die stockenden Moste zur Reaktivierung mit Präparaten versetzt wurden, die auch Thiamindichlorhydrat enthielten. Hierbei könnte es sich um den in der Literatur zitierten „Thiamin-Ton" handeln. Die Schlussfolgerung daraus ist jene, dass die Moste vor der Gärung (bei Bedarf) mit Thiamin versorgt werden

Thiamin-Ton

Thiamin eher nur zu Beginn der Gärung

Abb. 21
Gärverlauf Müller Thurgau 98

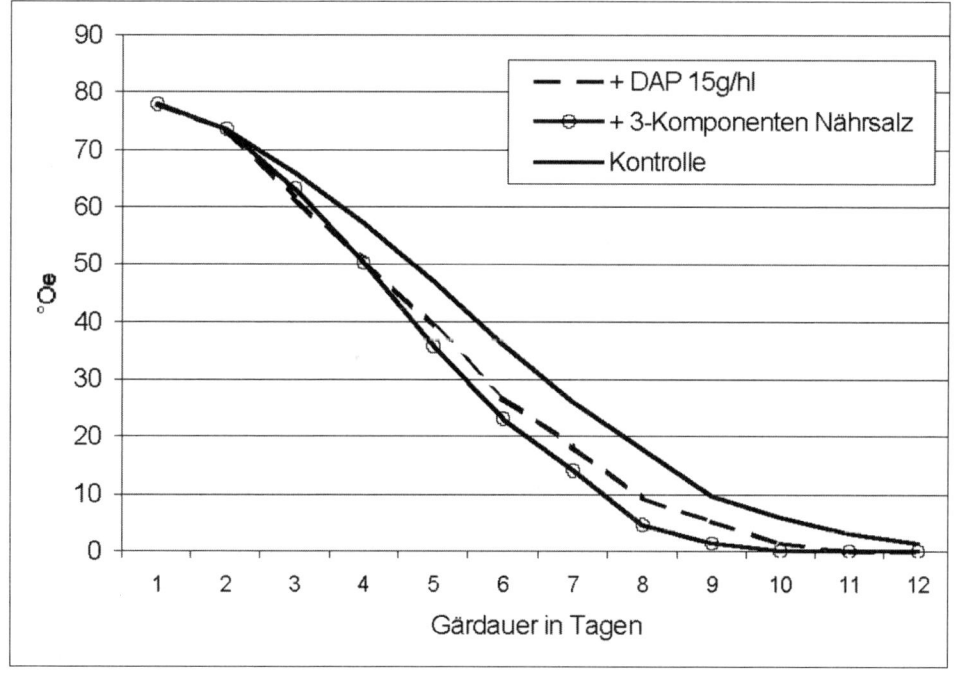

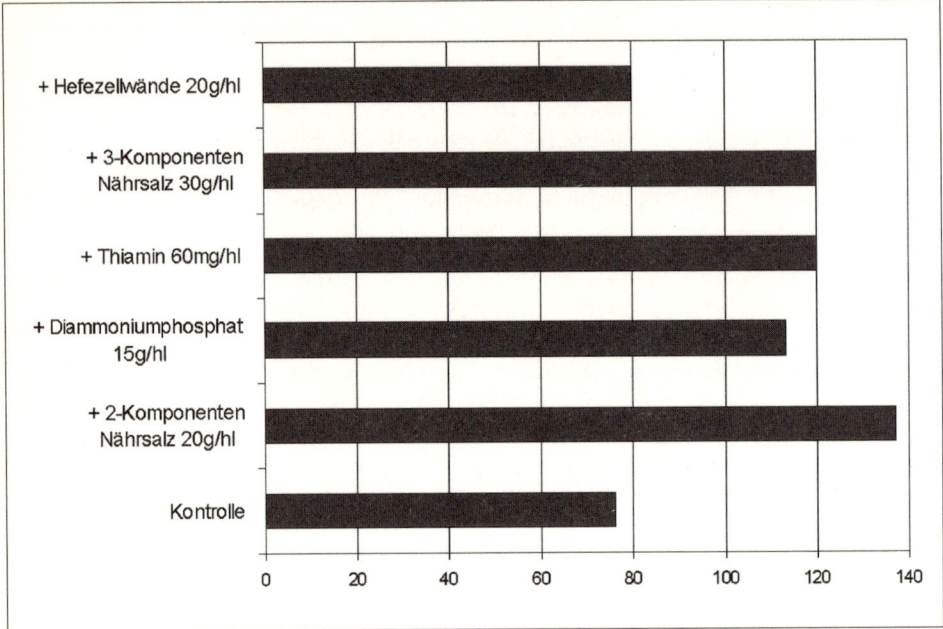

+ Hefezellwände 20g/hl	
+ 3-Komponenten Nährsalz 30g/hl	
+ Thiamin 60mg/hl	
+ Diammoniumphosphat 15g/hl	
+ 2-Komponenten Nährsalz 20g/hl	
Kontrolle	

Abb. 22
Welschriesling 97
(Verkostung)

müssen, bei Gärstockungen sollte in weiterer Folge darauf verzichtet werden.

5.4.4 Analytischer Einfluss

In unseren Untersuchungen konnten im wesentlichen drei Trends beobachtet werden:

– Reduzierung des **Restzuckergehaltes**
– leichte Steigerung des Gehaltes an **zuckerfreiem Extrakt**
– Senkung der Werte an **flüchtiger Säure**
(siehe Tabelle 1, S. 55)

5.4.5 Überversorgung

„Viel hilft viel" – dieses Sprichwort gilt nicht bei den Gärhilfsstoffen. „Soviel wie nötig, sowenig wie möglich" sollte eher zur Anwendung kommen. Denn auch negative Effekte konnten bei reichlicher Versorgung festgestellt werden:

– Viel DAP kann zu einem salzigen Geschmack führen
– Viel Thiamin begünstigt das Wachstum von Brettanomyces-Hefen (Pferdeschweiss)

- Viel Aminosäuren können zu einem anderen Aroma führen, da weniger höhere Alkohole und in Folge weniger Ester gebildet werden.

Aus der Sicht der Gärungskinetik ist ein Stickstoffübermaß unerwünscht. Deshalb kann man nicht davon ausgehen, dass maximale Stickstoffraten gleichzusetzen sind mit optimalen Bedingungen für beste Weinqualität. Möglicherweise birgt eine übermäßige Stickstoffzugabe zum Most auch das Risiko, dass im Wein eine höhere Menge an Reststickstoff zurückbleibt, was zu einer abnehmenden mikrobiologischen Stabilität führen könnte.

	Restzucker g/l	Zuckerfreier Extrakt g/l	Glycerin g/l	flüchtige Säure g/l
Hefe 1	2,3	20,1	8,6	0,6
Hefe 1 mit Gärhilfsstoff	1,7	20,7	9,4	0,5
Hefe 2	1,6	19,5	8,2	0,8
Hefe 2 mit Gärhilfsstoff	1,1	20,0	8,4	0,6
Hefe 3	1,1	20,0	8,0	0,4
Hefe 3 mit Gärhilfsstoff	1,2	20,4	8,0	0,4
Hefe 4	1,1	21,1	9,0	0,9
Hefe 4 mit Gärhilfsstoff	0,9	21,3	10,0	0,6
Hefe 5	1,4	19,7	8,0	0,7
Hefe 5 mit Gärhilfsstoff	0,9	20,5	8,2	0,3
Hefe 6	2,8	19,6	7,6	0,4
Hefe 6 mit Gärhilfsstoff	1,2	20,2	8,0	0,2

Tabelle 1: Hefevergleich Traminer 97, jeder Stamm wurde einmal ohne und einmal mit einem Gärhilfsstoff vergoren, Gärhilfsstoff: 30 g/hl Vitamon ultra

5.5 Zellulose für die Gärung?

Zahlreiche Arbeiten belegen, dass die Reintönigkeit der Weine sich umgekehrt proportional zum Most-Trubgehalt verhält, je geringer also der Trubgehalt, desto reintöniger ist der Wein. Als Richtwert gilt heute ein Resttrubgehalt von maximal 0,6 Gew.% oder 100 NTU.

Die durch Trub vorhandene innere Oberfläche begünstigt einerseits die Entbindung der Gärungskohlensäure, andererseits dienen die Partikel der Hefe als Transportmittel für die leichtere Konvektion im Gärbehälter.

In vielen Versuchen wurde untersucht, durch den Zusatz von feinfasriger oder mikrogranulierter Zellulose künstlich höhere Trubgehalte zu schaffen, um einerseits hohe Reintönigkeit zu erzielen und andererseits den Hefen die „Arbeit" zu erleichtern. In den Versuchen in Haidegg wurde als Ausgangswein ein durchschnittlich versorgter Welschriesling in mehreren Varianten ausgebaut.

1. leicht staubig (200 NTU) + 20g/hl Gärsalz*
2. blank + 20 g/hl Gärsalz*
3. blank + 0,3 g/l Zellulose + 20 g/hl Gärsalz*
4. leicht staubig (200 NTU) ohne Gärsalz

Abb. 23
Gärverlauf Welschriesling 2000

* Zwei-Komponenten Präparat aus Diammoniumphosphat und Heferinde, die eingestellten Moste hatten einen Ferm-N-Wert von 59.

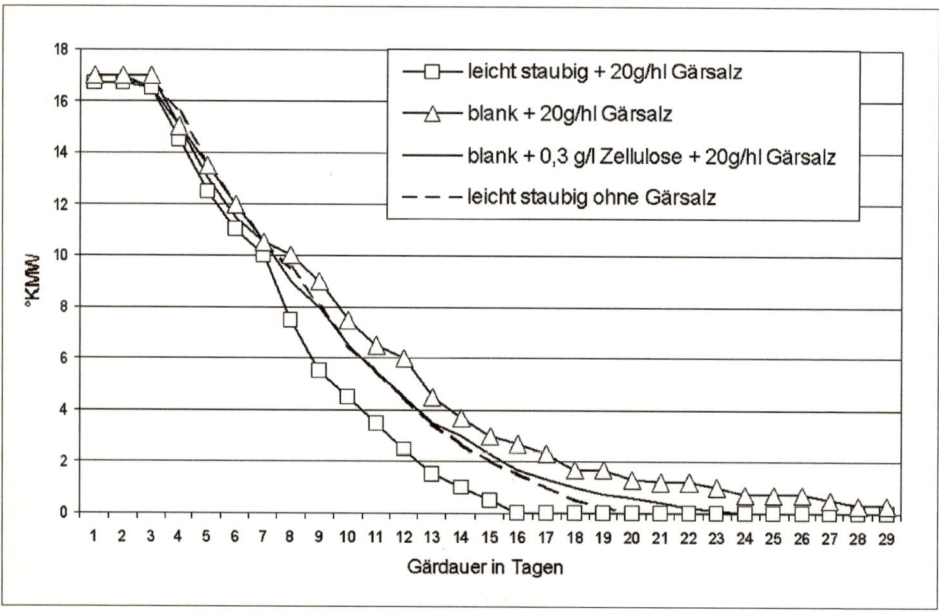

Die Variante 3 mit dem Zusatz von 0,3 g/l Zellulose ergab keinen gärstimulierenden Effekt. Die Zellulose setzte sich hingegen schneller im Gärgebinde ab und reduzierte somit auch den Anteil an schwebenden Hefezellen. Die Gärung verlief verzögert, schlussendlich konnte nicht der gesamte Zucker vergoren werden. Ähnliche Ergebnisse wurden auch in anderen Versuchsanstellungen erzielt. Langsamer gärte nur die Variante 2 (blanker Most). Im Mosttrub befinden sich wichtige Nährstoffe für die Hefen wie ungesättigte Fettsäuren, Proteine, Mineralstoffe und Vitamine, die stimulierend auf die Hefen wirken. Die leicht staubigen Varianten (200 NTU) 1 und 4 gärten schneller und sicherer. Die Frage der Reintönigkeit wurde durch Verkostung erörtert.

Durch Zusatz von Zellulose, Kieselgur etc. wird die Gärung nicht unterstützt, sondern durch das leichte Absetzen eher der umgekehrte Effekt erzielt.

Trubzusatz eher negativ

Zusammenfassung

– Gärhilfsstoffe können kleine Probleme im Nährstoffangebot beheben
– Ein Ausgleich starker Mängel (aus dem Weingarten) kann nicht durchgeführt werden
– Sinnvoll ist eine Zugabe während der Zeit der Hefevermehrung
– Zu späte Zugabe und Überversorgung kann zu Fehltönen führen
– Welche Hilfsstoffe jeweils eingesetzt werden ist im Einzelfall zu überdenken.
– Ein generell prophylaktischer Einsatz ist nicht zu empfehlen.
– Die Kosten betragen zwischen 0,11 bis 0,44 Euro (ATS 1,50 bis 6).

5.6 Ansetzen der Hefe

Bei der Bemessung der zuzugebenden Menge einer Reinzuchthefe sollte man nicht knausrig sein. Schließlich ist eine ausreichende Zellzahl (2–4×10^6) für einen raschen Gärstart notwendig. Eine zu geringe Hefeeinsaat (unter 20 g/hl) kann zu einer Gärstockung und verbleibendem Restzucker führen.

ausreichende Zellzahl

Um eine voll aktive Reinzuchthefe dem Most zusetzen zu können ist eine einwandfreie Rehydrierung der Trockenhefe notwendig. Dazu befolge man die Herstellerangaben genau.

Folgende Punkte sind zu beachten:

– Durch eine Temperatur von 37–42°C (handwarm) kommt es zu einem positiven Hitzeschock der Hefeproteine, der diese schnell aktiviert. Wird diese Temperatur überstiegen, kommt es aber zur Abtötung der Hefe.

– Bei der Trocknung wurde Wasser entzogen, somit wäre die Rehydrierung in reinem Wasser für die Hefezellen am günstigsten. Das Gesetz erlaubt aber nur das Ansetzen in einer Most-Wasser-Mischung (1:1). Statt Most ist dafür auch Wein, der durch Abkochen vom Alkohol befreit wurde, zugelassen.

– Keinen (unbehandelten) Wein verwenden! Der Alkohol kann die Zellen schädigen!

– Gut rühren bei der Zugabe, Klumpen müssen vermieden werden.

– Nach 15–20 Minuten gut aufrühren. Klumpen werden nicht ausreichend reaktiviert, eine zu geringe Zellzahl und schleppende Gärung ist die Folge.

– Bei geschwefeltem Most muss gewährleistet sein, dass die SO_2 gleichmässig verteilt ist, gegebenenfalls rühren. Örtliche Überkonzentrationen im Behälter können die Zellaktivität vernichten.

– Wird erst der Most geschwefelt, keinesfalls die SO_2 in den Hefeansatz geben!

– Nach der Zugabe in den Most muss die Gärung begonnen haben, bevor sich die ganze Hefe abgesetzt hat, da sich sonst eine sehr schlechte Ausgangssituation für den Zuckerstoffwechsel (Überkonzentration) ergibt.

– Eine Belüftung durch Umpumpen am 2. Tag stimuliert das Zellwachstum und gibt der Hefe die Chance, robuste Zellwände zu bilden, die auch hohe Alkoholgehalte verkraften und zum sicheren Durchgären beitragen können.

6 Gärführung

Für den Gärbeginn sind ca. 20–100 Millionen Zellen/ml notwendig. Pressen und Geräte sind die wichtigsten „Infektionsquellen", dadurch wird die natürlich im Most vorkommende Zellzahl von 10–100 Zellen/ml auf das 10 bis 1000-fache angehoben.

Mindestkeimzahl

6.1 Arten der Gärung

Um auf die notwendige Hefezellzahl für den Gärbeginn zu kommen gibt es mehrere Möglichkeiten.

6.1.1 Spontangärung

In diesem Fall wartet man ab, bis sich die Hefen unter Lufteinfluss auf die nötige Zellzahl vermehrt haben. Wenn auch als Argument ins Treffen geführt wird, dass die traubeneigenen Hefen den Sortencharakter betonen können, so muss man sich vor Augen halten, dass von Natur aus zumeist die gleichen 16 Stämme, vor allem

Abb. 24
Die natürliche Hefeflora des Mostes bei der Gärung.

Beginn der Gärung	Hauptgärung	Ende der Gärung
Kloeckera apiculata[1]	Sacch. cerevisiae, Subspec. cerevisiae[1]	Sacch. cerevisiae, Subspec. cerevisiae[1]
Metschnikowia pulcherrima[1]	Sacch. cerevisiae, Subspec. uvarum[1]	Sacch. cerevisiae, Subspec. bayanus
Candida stellata	Sacch. cerevisiae, Subspec. bayanus	
Kloeckera corticis	Sacch. chevalieri	
Candida krusei	Torulaspora delbrueckii	
Candida vini	Zygosacch. florentinus	
Hansenula anomala	Zygosacch. rouxii	
Hansenula subpelliculosa	Kluyveromyces thermotolerans	
Picha mermentans		
Pichia membranaefaciens		

[1] die häufigsten Hefearten

Wilde Hefen vertreten sind. Je nach den Rahmenbedingungen (SO_2, Temperatur, Ausgangskeimzahl, Rückstände) kann sich jeweils eine andere Heferasse durchsetzen, sodass das Ergebnis dem Zufall überlassen ist. Die wilden Hefen sind meist rasch im Angären, bilden viel Glycerin, sind aber wenig alkoholverträglich und viele haben ihre Obergrenze bei 4%vol.

Charakteristika der Spontangärung sind
– höherer Glyceringehalt
– mehr höhere Alkohole
– möglicherweise mehr flüchtige Säure
– möglicherweise mehr SO_2-Bedarf
– möglicherweise verbleibender Zuckerrest (Steckenbleiben)

6.1.2 Vergärung mit Reinzuchthefe
Durch den Zusatz von selektionierten Trockenreinzuchthefen wird von Beginn an für eine ausreichende Zellzahl gesorgt, und damit eine Fehlgärung weitgehend unterbunden. Die Vorteile der Sicherheit des An- und Durchgärens überwiegen bei weitem. Unbedingt notwendig bzw. sehr günstig ist ein Reinhefezusatz bei
– pasteurisierten Mosten
– sehr zuckerreichen Mosten (Prädikatsweinen)
– Mosten aus gefaultem Traubenmaterial
– Gärhemmung durch Toxine (Fungizide, „Killerfaktoren")
– Umgärung und Versektung
– sehr tiefen Temperaturen.

6.1.3 Verschnitt mit gärendem Most

Diese Variante ist zwar kostengünstig, aber aus mehreren Gründen nicht empfehlenswert:
– Durch die Abbindung des vorhandenen Acetaldehyds wird wesentlich mehr davon gebildet, als Resultat hat der fertige Wein mehr Gesamt-SO_2
– Die schon adaptierte gärende Hefe muss sich wieder umstellen. Dies funktioniert bei Alkoholgehalten von 3–5% vol, über 7% vol kann es zu Gärschwierigkeiten kommen.
– Eine einmal zugesetzte Hefe ist spätestens beim 3. Verschnitt verändert (mutiert), das Risiko des Steckenbleibens ist dann hoch.

6.2 Angestrebte Gärintensität

Eine sehr rasche zügige Gärung muss nicht immer das Ziel sein.

Ein heftige Gärung kann auch bedeuten:
– höhere Kühlkosten
– im Barrique kürzere Gärzeit und weniger Auslaugung der gewünschten Aromen

Eine sehr langsame Gärung bedeutet einen höheren Gehalt an Gärnebenprodukten (Acetaldehyd) und damit mehr SO_2-Bedarf.

6.3 Temperaturführung

Allgemein ist eine höhere Temperatur für ein rasches Angären und für das Gärende anzustreben, um ein sicheres Durchgären zu gewährleisten. Dazwischen kann man mit der Gärtemperatur auf ein niedrigeres Niveau gehen.

höhere Temperatur bei Anfang und Ende

Ein Temperaturwechsel sollte nicht zu rasch vor sich gehen, mehr als 4°C pro Stunde bedeuten Hefestress.
Bei schleppenden Gärungen, die durchaus bei niedrigeren Temperaturen durchgären, sollte man gerade in der Endphase einen Wechsel vermeiden, um nicht ungewollt einen Gärstopp hervorzurufen.
Abhängig von der Temperatur erzeugen die Hefen bei der Gärung auch unterschiedliche Nebenprodukte. Bei niedrigen werden eher Ethyl- bei höheren mehr Acetylester gebildet.

Unterschiedliche Bildung von Alkohol und Nebenprodukten bei verschieden hohen Gärtemperaturen (OUGH und AMERINE 1967)			
Inhaltsstoff	**Gärtemperatur**		
	12°C	**21°C**	**33°C**
Ethylalkohol % vol	12,59	12,35	12,17
flücht. Säure g/l	0,25	0,22	0,26
Essigsäure g/l	0,23	0,21	0,27
flücht. Ester mg/l (als Essigsäureethylester)	57,20	73,50	70,10
Acetaldehyd mg/l	11,20	12,70	11,40
Isobutanol mg/l	45,60	45,90	44,50
Isoamyl- und aktiver Amylalkohol mg/l	196,00	294,00	241,00
Acetoin mg/l	0,73	0,75	2,00
Butandiol-2,3 mg/l			
meso	256,00	302,00	531,00
laevo	71,10	88,20	176,20

Abb. 25
Produkte bei unterschiedlichen Gärtemperaturen

Kaltgärung   Die sogenannte „Kaltgärung" bezieht sich auf einen Temperaturbereich von 12–15 °C. Hiefür ist jedoch der Einsatz speziell ausge-
wählter Hefen – Kaltgärhefen – notwendig.

Vorteile   – Die Jungweine sind reintöniger, Milchsäure- und andere Bakterien, aber auch verschiedene unerwünschte Hefen können sich
bei tiefen Gärtemperaturen nicht nennenswert vermehren.
– Der Alkoholgehalt ist höher, da weniger aus dem Wein ent-
weicht.
– Die Weine verkosten sich bukettreicher, da die Aromen besser
im Wein verbleiben. Der Charakter ist aber unterschiedlich im
Vergleich zu wärmer vergorenen Weinen, er geht mehr in Richtung tropische Früchte, Drops, Ester.
– Durch die niederen Temperaturen kann auch ein bakterieller
Säureabbau verhindert werden.

Nachteile   – Bei langsamen Gärungen entsteht mehr Acetaldehyd und damit
ein höherer SO_2-Bedarf.
– Entsprechende Kühlungseinrichtungen und damit verbundener
Kostenaufwand sind notwendig.

7 Gärprobleme erkennen

7.1 Der Einfluss der Hefe auf den Gärverlauf

Der Verlauf der Gärung ist für den Typ der Hefe charakteristisch. Hat man sich Aufzeichnungen über den Gärverlauf gemacht und ist über die Gärcharakteristik im eigenen Keller im Bild, so lässt sich leicht diagnostizieren, ob eine Abweichung vom gewohnten Ablauf auftritt und damit eine mögliche Gärstörung zu erwarten ist. So kann man bereits eingreifen, bevor überhaupt ein Problem entstanden ist.

Aufzeichnungen auch auswerten!

Generell kann man bei den Hefen zwei charakteristische Gärverläufe feststellen:
– lange Vermehrungsphase, nach dem Angären langsames Erreichen des Gärmaximums, dieses hält längere Zeit an
– kurze Vermehrungsphase, schnelles Erreichen des Gärmaximums. Dieses liegt höher, sinkt aber bald ab, an einem bestimmten Punkt wird dann mit niedrigerer Intensität weitergegoren.
Charakteristische Gärverläufe gibt es sowohl bei Reinzuchthefezusatz als auch bei Spontangärung.

Gärverlauf nach Hefestamm

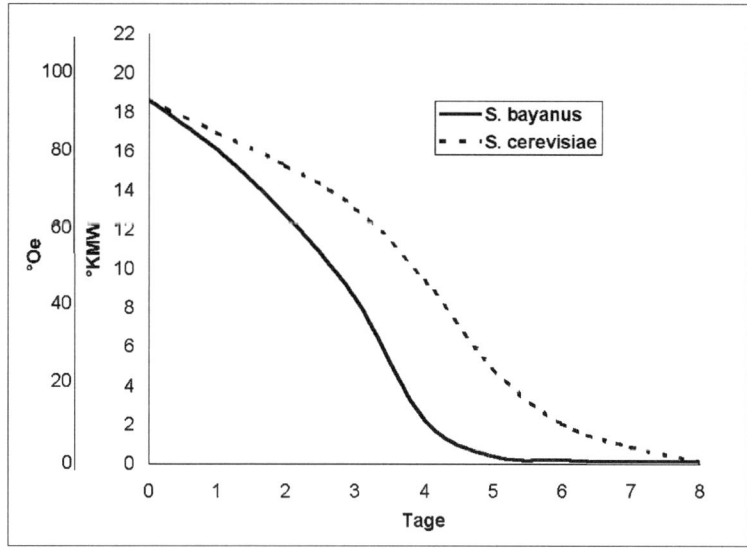

Abb. 26
Gärverlauf zweier verschiedener Hefestämme in Chardonnay (nach Bisson 2000)

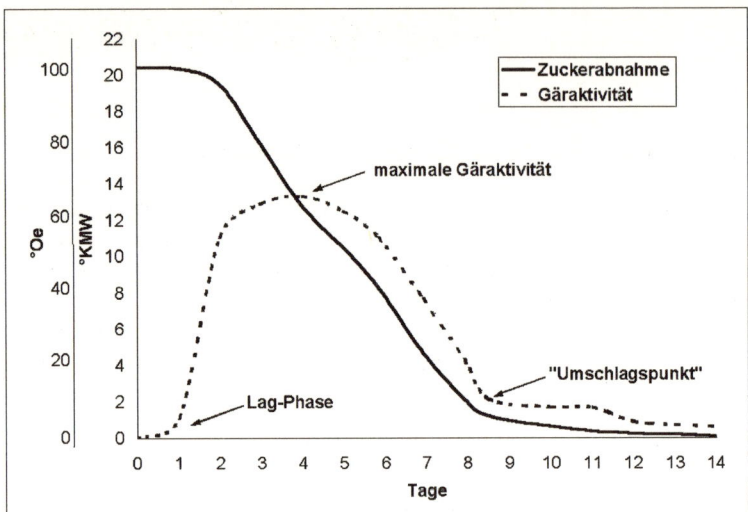

Abb. 27
Gärverlauf einer
Hefe mit Intensitäts-
änderung (nach
Bisson 2000)

7.2 Abweichungen vom Gärverlauf – Ursachendiagnose

Vorhersage anhand des Gärverlaufs

Durch die Abnahme des Mostgewichtes lässt sich die Gärinten-sität leicht verfolgen. Abweichungen vom normalen Verlauf folgen bestimmten Charakteristika, die auf die Ursachen hinweisen und dem Winzer eine gezielte Behebung ermöglichen bzw. erleichtern sollen (BISSON und BUTZKE, 2000):

7.2.1 Langsamer Gärbeginn, dann normale Gärintensität
Mögliche Gründe:
– Hemmstoffe (Toxine von Pilzen etc.)
– Hohe Gradation (Viskosität)
– Niedrige Zellzahl von gesunden gärkräftigen Hefen

Der letzte Punkt gilt sowohl bei Spontangärung als auch Rein-zuchthefezusatz, wenn sie schlecht aktiviert wurden. Solange durch das langsame Angären nicht eine konkurrierende Mikroor-ganismenpopulation und damit ein zusätzliches Problem entstan-den ist, sollte der Most aber trocken durchgären können.

7.2.2 Langsamer Gärbeginn, niedrige Gärintensität
Möglicher Grund:
– Schlecht angepasste, wenig gärkräftige Hefe, verursacht durch unzureichende Wachstumsverhältnisse oder Nährstoffmangel bei der Vermehrung.

Es wird zuwenig Zellmasse gebildet, dieser Umstand kann das Durchgären gefährden. Bei einer geplanten Lagerung auf der Hefe gibt es weniger Aromastoffausbeute.

7.2.3 Rascher Gärbeginn, Gärintensität sinkt mit der Zeit ab

Mögliche Gründe:
- Toxische Rückstände von Fungiziden
- Hemmstoffe von Schimmelpilzen
- Sehr hohe Beimpfungsrate
- Leichter Temperaturschock am Gärende

Durch reichliches Nährstoffangebot kam es zu guter Hefevermehrung. Mit steigendem Alkoholgehalt werden die Hefen jedoch empfindlicher auf Hemmstoffe, dies macht sich dann im Absinken der Gärgeschwindigkeit bemerkbar. Hohe Zellzahlen scheinen Stickstoff zu absorbieren und damit zu einer Nährstoffverarmung beizutragen. Große Hefezellzahlen führen auch zu mehr Esterbildung.

Ein Temperaturwechsel, sowohl Abkühlung als auch Erwärmung, kann bei hohen Alkoholgehalten die Hefe „aus dem Gleichgewicht bringen".

7.2.4 Plötzlicher Gärstopp

Mögliche Gründe:
- Hefeschock durch Temperaturerhöhung
- Hefeschock durch zu starkes Kühlen
- Bakterienzugabe

Im Zusammenwirken mit höheren Alkoholgehalten kann ungenügende Abfuhr der Gärwärme genauso hemmend wirken wie zu starkes Kühlen. Eine Temperaturänderung von mehr als 4°C pro Stunde bedeutet Hefestress. Auch die vorzeitige Zugabe von Bakterienpräparaten kann, abhangig von der Hefekonstitution, zu Problemen führen.

7.3 Erkennen der Gärstockung

Eine Gärstockung tritt üblicherweise ein, wenn ca. 80% des vorhandenen Zuckers vergoren ist. Der Restzucker liegt meist bei 2–10 g/l oder auch höher. **häufigster Zeitpunkt**

Wenn die Gärung ins Stocken gekommen ist, hört die CO_2-Bildung auf, und es ist keine weitere Zuckerabnahme mehr festzustellen. Die Hefe beginnt sich abzusetzen, der Most wird oben klar und beginnt sich braun zu färben.

CO$_2$ kann täuschen!

Mitunter wird aufgrund dieser altbekannten Tatsachen angenommen, dass solange eine CO$_2$-Entbindung stattfindet, die Gärung auch ordentlich abläuft. Dies kann allerdings ein Trugschluss sein! Durch einen bereits begonnenen biologischen Säureabbau kann es nach wie vor zu einer CO$_2$-Entwicklung kommen, obwohl die Gärung schon längst steckengeblieben ist.

Daher ist es günstig, sich bei zu erwartenden Problemfällen sowohl die Säure als auch die Zuckerabnahme analytisch anzusehen,

Nicht nur kosten!

um keine unliebsamen Überraschungen zu erleben. Nur Kosten alleine ist zuwenig, da durch die vorhandene gelöste Kohlensäure ein falsches Bild der wahren Zustände entstehen kann.

8 Behebung einer Gärstörung

Ist die alkoholische Gärung erkennbar zum Stillstand gekommen und unerwünschter Weise noch Restzucker vorhanden, so sind für einen neuerlichen Gärstart mehrere Maßnahmen zu setzen.

8.1 Voruntersuchung
8.2 Mostvorbereitung
8.3 Hefezusatz

8.1 Voruntersuchung

Bevor man Maßnahmen zur Wiedereinleitung setzt sollten einige Parameter untersucht werden, um beurteilen zu können, ob die Gärung überhaupt noch in Gang zu bringen ist. Dazu zählen
– Alkoholgehalt
– Zuckergehalt
– Hefegesundheit
– Temperatur

Hoher Alkohol und geringer Zuckergehalt erschweren die Arbeit der Hefe. Bei 12%vol und Restzuckergehalten unter 10 g/l wird es sehr schwer sein hier nochmals erfolgreich einen Gärstart durchzuführen.

Ist die Temperatur zu sehr abgesunken so ist natürlich ein Anwärmen die einfachste Methode, um einen nochmaligen Gärstart zu erreichen.

Dies gibt aber noch keinen Aufschluss ob die vorhandene Hefen überhaupt noch gärwillig bzw. gärfähig sind. Schließlich haben sie ja durch den Gärstopp verschiedene Stoffe im Unverhältnis in ihrem Zellinneren. Dadurch ist oft ein weiteres Funktionieren des Stofftransportes unmöglich gemacht.

Eine Betrachtung im Mikroskop gibt eine zusätzliche Information ob ein Anwärmen und der Versuch des Weitergärens mit dieser Hefe überhaupt noch lohnt. Dies ist sogar relativ einfach zu sehen, eine vitale Hefe ist „rund und g′sund", nicht mehr leistungsfähige Hefen zeigen eher körnige Inhaltsstoffe und auch einen teilweise eckigen Umriß (siehe Abb. 28 a+b).

mikroskopische Beurteilung

Vitale 3 Tage alte *Sacch. cerevisiae*

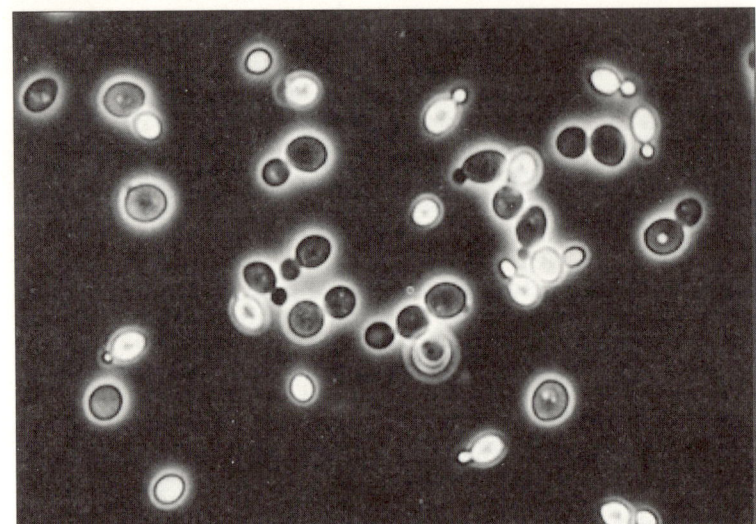

Abb. 28 a:
Sacch. cerevisiae
im Traubenmost
(LEMPERLE und
KERNER 1982)

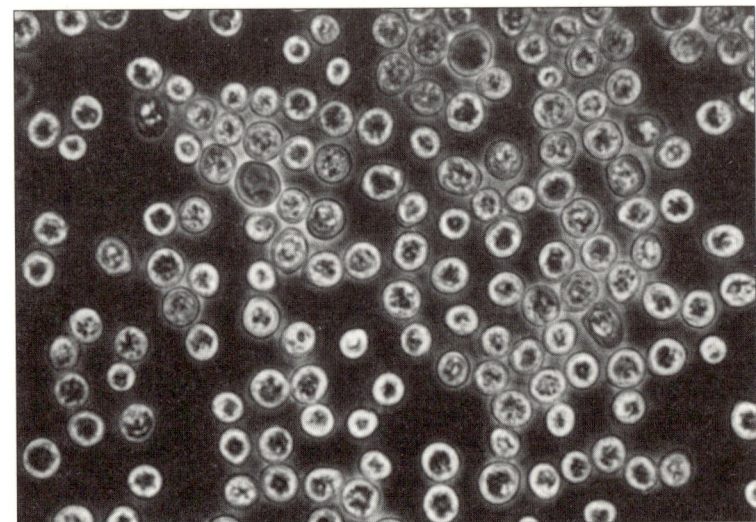

Abb. 28 b:
Alte Hefezellen im
Jungwein.
Typisch ist der
gekörnte Zellinhalt
(LEMPERLE und
KERNER 1982)

8.2 Mostvorbereitung

Sofern die Hefe noch gärkräftig erscheint ist das Anwärmen auf Gärtemperatur (in diesen Fällen 22°C) die einfachste Maßnahme. Eventuell wird auch das Geläger aufgerührt. Der Erfolg oder Misserfolg ist auch schnell festzustellen. Wenn die Hefeaktivität nicht mehr vorhanden ist, bedeutet Temperaturerhöhung und Rühren aber günstige Verhältnisse für Milchsäurebakterien – ein BSA könnte dadurch eingeleitet werden! Daher ist nicht die neuerliche Kohlensäureentwicklung, sondern die Kontrolle der Zuckerabnahme das wichtige Beurteilungskriterium.

Anwärmen

Bevor man zu weiteren Schritten greift sollte man aber den Wein unbedingt vom vorhandenen Geläger abziehen, da hier nicht nur die tote Hefe sondern auch Hemmstoffe vorhanden sein können, die ein Weitergären sehr erschweren bzw. unmöglich machen. Auch kann schon durch das Abziehen allein eine Gärung wieder in Gang kommen, wenn der die Hemmung verursachende Stoff damit entfernt wurde.

Abziehen

Vermutet man viele unerwünschte Mikroorganismen im Most, so kann man beim Abziehen auch mit 30 mg/l schwefeln, um die Dominanz der neuen Hefe zu erleichtern.

Schwefeln

Ein Zusatz von Gärhilfen (Gärsalz, Hefezellwände, Thiamin) wird unterstützend wirken, sofern nicht schon im Most die erlaubte Menge eingesetzt wurde.
Hefezellwände können Hemmstoffe adsorbieren, flüchtige Aromakomponenten vermindern und für die Hefe eine zusätzliche Versorgung darstellen.
Überdosierungen sind zu vermeiden, sie können in bestimmten Fällen zu Fehlaromen führen, hefige und unsaubere Töne werden dann festgestellt (z.B.„Thiaminton")
Siehe auch Kap. 5

Gärhilfen

8.3 Hefezusatz

Zuerst ist die Auswahl der Hefe zu überlegen. Sofern keine freie SO$_2$ vorhanden ist, ist der Einsatz einer *Saccharomyces cerevisiae* – Hefe vorzuziehen. Die oft gern genommene *Saccharomyces bayanus,* eine gärkräftige Sekthefe, die mit weniger Nährstoffan-

Hefeauswahl

sprüchen und besserer Alkoholtoleranz ausgestattet ist, verwertet nämlich lieber Glucose – die allerdings zum Zeitpunkt einer Gärstockung nur mehr in geringerem Maße als Fructose vorhanden ist. Ist jedoch nennenswerter SO_2-Gehalt vorhanden (über 10 mg/l) ist aber eine *Saccharomyces bayanus* die Hefe der Wahl.

Glucose-Fructose-Verhältnis

Bei Gärstockungen liegt üblicherweise ein starkes Unverhältnis zwischen Glucose und Fructose vor, das bei max. 0,1 liegt, das heißt zehnmal mehr Fructose ist vorhanden. Eine Anhebung des Glucosegehaltes auf ein Verhältnis von wenigstens 0,2 zur Wiedereinleitung der Gärung wäre wünschenswert, eine Glucosezugabe ist jedoch verboten! Eine Möglichkeit besteht in einem Verschnitt mit unvergorenem Most, wodurch es zu einer Abmilderung es Verhältnisses kommt – sofern ein Verschnitt aus Sicht der geplanten Vinifizierung diskutabel ist.

Die Entwicklung und der Einsatz von speziellen fructophilen Hefen ist derzeit Gegenstand der Forschung.

Vorbereitung des Ansatzes

Der Zusatz einer neuen Reinzuchthefe sollte so erfolgen, dass diese mit Maximaldosierung (50 g/hl) bemessen, und durch entsprechende Vorzucht auf volle Gäraktivität gebracht wird. Mit der Hefe nicht sparen!

Maximaldosierung

Die Angaben des Herstellers, wie die Hefe angesetzt wird, sind genau zu beachten! Sie dienen schließlich dem Wohl der Hefe! Wenn auch für das Rehydratisieren für die Hefe Wasser das Beste ist, muss berücksichtigt werden, dass nur der Ansatz in Most bzw. einem Most-Wasser-Gemisch (1:1) erlaubt ist. Empfehlenswert ist 2:1. Der Zusatz zumindest eines Teils eines noch unvergorenen Mostes bringt Vorteile, da das Glucose-Fructose-Verhältnis dadurch positiv beeinflusst wird.

Keinen Wein verwenden!

Die Verwendung von Wein für den Ansatz führt gleich zu einem Alkoholschock für die Hefe und damit zu einer Zellschädigung. Bei Prädikatsweinen darf für den Ansatz keine Saccharose verwendet werden.

Beim Rehydratisieren muss darauf geachtet werden, dass der erste Hefeansatz in der 5–10 fachen Flüssigkeitsmenge nicht länger als die üblichen 15 bis 20 Minuten ohne weiteren Mostzusatz quillt, damit die Hefen nicht gleich in eine Hungerphase kommen und so deren Vitalität wieder vermindert wird. Der Zuckergehalt des Ansatzes darf überhaupt nie unter den des Mostes geraten, der wieder in Gärung gebracht werden soll. Dieser Ansatz soll dann ca. 15 l für 1000 l steckengebliebenen Most betragen und gut gären.

Jetzt ist es wichtig, dass der Ansatz langsam auf ein Volumen von 10–15% der gesamten Behältermenge gebracht wird. Erstmals wird die Ansatzmenge mit dem Problemmost verdoppelt, dabei sollte umgepumpt bzw. belüftet werden. Sobald der halbe Zucker vergoren ist, wird wieder erhöht (2x). Erst wenn die ganze Menge voll gärt, sollte sie dem Wein zugegeben werden. Das Erreichen der vollen Gärleistung der Hefe kann wesentlich länger dauern als beim Ansetzen in frischem Most (12 h bis 3 Tage)

10% Ansatz

belüften

Im Zuge dieser Volumsvermehrung soll die Temperatur des Hefeansatzes langsam durch die portionsweise Zugabe immer kühleren Mostes auf die genaue Temperatur der großen Mostmenge gebracht werden. Dies ist wichtig damit die Hefe bei der Zugabe in die Hauptmenge zum Alkohol- nicht auch noch einen Temperaturschock bekommt und unnötig unter Stress gesetzt wird

Temperatureinstellung

Nach der Zugabe sollte der Most auf einer Gärtemperatur von 20–22° C gehalten werden. Einmal pro Tag sollte gerührt oder umgepumpt werden. Eine regelmäßige Kontrolle ist jetzt wichtig. Schließlich sollen die geschaffenen günstigen Bedingungen weiter erhalten bleiben, um die wieder begonnene Gärung erfolgreich zu Ende zu bringen.

Literaturquellen

AMANN, H., Rebe und Stickstoff, Der Weinbau, 1/1993

BACH, H.-P.: Hilfen für die zweite Gärung. D. Dt. Weinbau 5, 1997

BAUER, K., Beeinflussung der Stickstoffdynamik von Grasmulch mit einem Mulchbodenlockerungsgerät, X.Kolloquium des internationalen Arbeitskreises Begrünung im Weinbau 1994

BISSON, L. F., BUTZKE C.E.: Diagnosis and Rectification oft Stuck and Sluggish Fermentations. Am. J. Enol. Vitic., 51 (2), 2000

BISSON, L.F.: Stuck and Sluggish fermentations. Am.J.Enol.Vitic. 50 (1), 1999

CASTINO, M.: Difficoltà e arresti di fermentazione: cause e rimedi. Vini d´Italia 32 (6) 1990

D´AMBROSIO, L., TRENTI B., DEGASPERI S., Mikrobiologische Gesichtspunkte beim Traubentransport, im Keller und bei der Gärung, Tagungsband Intervitis 1998

DITTRICH, H.H.: Mikrobiologie des Weines, 2. Aufl. 1987 Eugen Ulmer Verlag, Stuttgart

EGLINTON, J.M., HENSCHKE, P.A.: Restarting incomplete fermentations: the effect of high concentrations of acetic acid. Austr. J. Grape Wine Res. 5 (2) 1999.

FARDOSSI A., Einfluss von Stressfaktoren auf die Rebe, Der Winzer, 2/2001

FARDOSSI A., SCHOBER B., Einfluss verschiedener Unterlagssorten auf die Mg-Ernährung der Sorte Welschriesling, Mitteilungen Klosterneuburg, 1/97

FISCHER, U.: Gärungsunterbrechungen und Behebung von Gärstörungen. ATW-Bericht 97, 2000, KTBL Darmstadt

GAFNER, J., Verhalten verschiedener Hefearten und Hefestämme in Mischkulturen, Tagungsband Intervitis 1998

GAFNER,J., SCHÜTZ; M.: Impact of glucose-fructose-ratio on stuck fermentation. Wein-Wiss. 51 (3/4) 1996.

HÜHN T., SPONHOLZ W. R., GROSSMANN M.K., Freisetzung unerwünschter Aromastoffe aus Pflanzenhormonen bei der alkoholischen Gärung, Die Wein-Wissenschaft, Nr. 4/1999

KIEFER W., Trockenperioden während der Vegetationszeit, Der Winzer, 6/1995

LÖHNERTZ, O., Einfluss auf weinbaulichen Maßnahmen auf die Nährstoffgehalte von Traube und Most,, Tagungsband Steirische Weinbaufachtagung 1999

PERRET P., KOBLET W., WEISSENBACH, SCHWAGER, Der Einfluss des zeitlichen Stickstoffangebotes auf Ertrag und Qualität sowie Botrytis- und Stiellähmebefall der Weinrebe, Mitteilungen Klosterneuburg, 44 (1994)

RAIFER, B., Stickstoffversorgung und Weinqualität, Obstbau-Weinbau, 5/1999

RAUHUT, D., KÜRBEL, H., LÖHNERTZ, O.: Hefeernährung und Weinqualität. Dt. Weinbau-Jahrbuch 51 (1999)

REDL, H., Weinqualität in Abhängigkeit von Stickstoffversorgung und Bodenpflege, Tagungsband Steirische Weinbaufachtagung 1998

REDL, RUCKENBAUER, TRAXLER, Weinbau Heute, 3. Auflage

RIBEREAU-GAYON, P.: Reflexions sur les causes et les conséquences des arrets de la fermentation alcoolique en vinification. J. Int. Sci. Vigne Vin 33 (1) 1999

SABLAYROLLES, J. M.: Gärverzögerungen und Gärstockungen. Effektivität der Ammoniak-Stickstoff- und Sauerstoff-Zugabe. Vitic.Enol.Sci. 51 (3), 1996

SALMON, J.M. : Sluggish and stuck fermentations : some actual trends on their physiological basis. Wein-Wiss. 51 (3/4) 1996

SECKLER, J., JUNG, R., FREUND, M.: Alternative Klärverfahren für Most. ATW-Bericht 102, 2000, KTBL Darmstadt

STEIDL, R.: Kellerwirtschaft, Österreichischer Agrarverlag 2001

Sachregister – Stichwortverzeichnis

rechtlich gesehen

Pachten und Verpachten

Wichtige Hinweise und Hilfestellung
übersichtlich und leicht dargestellt.

3., überarbeitete Auflage, Hardcover
ISBN 3-7040-1502-4

€ 24,90 / öS 342,63*

Hofübergabe – Hofübernahme

Ein praxisnaher Ratgeber zu Recht,
Steuern und Förderungen.

3., überarbeitete Auflage, Hardcover
ISBN 3-7040-1490-7

€ 24,90 / öS 342,63*

* Preisänderungen vorbehalten

ÖSTERREICHISCHER AGRARVERLAG

Achauer Straße 49 A · A-2335 Leopoldsdorf/Wien
Bestellservice: Tel. 02235/404-442, Fax DW -459
Email:buch@agrarverlag.at · www.agrarverlag.at

Wenn Sie mehr wissen wollen...

Das Buch vermittelt die wissenschaftlichen und praktischen Grundlagen des ökologischen Weinbaus. Schwerpunktthemen sind einerseits der Boden und das Bodenmanagement (Begrünungspflege, -systeme, Mechanisierung, Bearbeitung), andererseits die Pflanzenpflege. Die ökologischen Grundsätze der Artenvielfalt und der natürlichen Regulationsmechanismen (Schädlinge, Nützlinge) werden mit Beispielen und für die Praxis umsetzbar dargestellt. Die von den Autoren beschriebenen Strategien sind bereits in vielen ökologisch wirtschaftenden Betrieben überprüft und erfolgreich eingesetzt worden.
Ökologischer Weinbau.
U. Hofmann u.a. 1995. 260 Seiten. ISBN 3-8001-5712-8.

Das Buch behandelt die Sektbereitung aus oenologischer und technischer Sicht. Es soll dem Praktiker Hilfe bei der Bewältigung der vielfältigen Fra-gestellungen im täglichen Betriebsablauf bieten. Es ist ebenfalls ein Nachschlagewerk für Kellermeister, die ihre Entscheidungen auf der Grundlage wissenschaftlicher Erkenntnisse fällen wollen. Für Lehrkräfte und Studenten ist es ein Lehrbuch, das ihnen fundiertes Fachwissen auf dem Gebiet der Schaumweinbereitung vermittelt.
Sekt, Schaumwein, Perlwein.
G. Troost u.a. 2. Auflage 1995. 624 Seiten, 229 Zeichnungen und sw-Fotos, 75 Tabellen. ISBN 3-8001-5818-3.

Wenn Sie mehr wissen wollen...

Dieses Buch zeigt auf, wie Weinfehler erkannt, vermieden und erfolgreich behoben werden können.
Weinfehler. R. Eder u.a. 192 S., zahlr. Farbf. ISBN 3-8001-3535-3 (Bestellung in Deutschland) ISBN 3-7040-1680-2. (Bestellung in Österreich & Schweiz).

Dieses Buch stellt in übersichtlicher Form die 330 wichtigsten Rebsorten der 60 größten rebanbauenden Länder der Erde vor. Herkunft, Verbreitung, Merkmale, Eigenschaften und der Charakter des Weines sowie die Eigenschaften der Tafeltrauben werden aufgeführt und synonyme Namen der bekannten Rebsorten genannt.
Farbatlas Rebsorten. H. Ambrosi u. a. 2. Aufl. 1998. 320 S., 289 Farbf. ISBN 3-8001-5719-5.

Der Schwerpunkt dieses Buches liegt auf den praktischen Verfahrensschritten wie Fruchtentsaftung, Vergärung, Klärung, Trubaufbereitung, Abfüllung, Pasteurisation und dergleichen mehr.
Fruchtweine. E. Kolb (Hrsg.) u.a. 8. Aufl. 1999. 220 S., 45 Abb., 50 Tab. ISBN 3-8001-5544-3.

Mikrobiologie des Weines. *H. H. Dittrich. 2. Auflage 1987. 357 Seiten, 88 Abbildungen, 70 Tabellen. ISBN 3-8001-5812-4.*

Der *Winzer. Band 1: Weinbau. E. Kadisch, E. Müller. 2. Aufl. 1999. 552 S., 454 Abb., 105 Tabellen. ISBN 3-8001-1216-7.*
Der Winzer. Band 2: Kellerwirtschaft. F. Meidinger u.a. 3. Auflage 2001. 248 Seiten. ISBN 3-8001-1175-6.

das fachblatt
der winzer

Der Winzer

Das Fachblatt des österreichischen Weinbaues und Mitteilungsblatt des österreichischen Weinbauverbandes

Das renommierte Fachmagazin berichtet monatlich aktuell über die neuesten Entwicklungen im Weinbau, in der Kellerwirtschaft und der Vermarktung. Inklusive Österreichische Weinzeitung, die den Weinhandel, Spitzengastronomie und Großverbraucher über das nationale und internationale Marktgeschehen informiert.

Jahresbezug inklusive Postgebühr und 10% MWSt.

im Inland **€ 63,52 / öS 847,–*,**
im Ausland **€ 78,34 / öS 1.078,–*** exkl. 10% Ust

www.agrarverlag.at/derwinzer

* Preisänderungen vorbehalten.

ÖSTERREICHISCHER AGRARVERLAG

Achauer Straße 49 A · A-2335 Leopoldsdorf/Wien
Bestellservice: Tel. 02235/404-421, Fax DW -439
Email: office@agrarverlag.at · www.agrarverlag.at

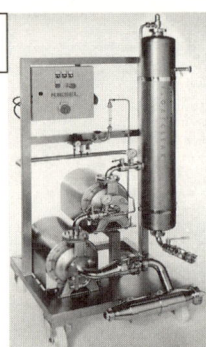